DE

L'AIR COMPRIMÉ

ET DILATÉ

COMME FORCE MOTRICE.

SAINT-DENIS. — IMPRIMERIE DE PREVOT ET DROUARD.

DE
L'AIR COMPRIMÉ

ET DILATÉ

COMME FORCE MOTRICE,

OU

DES FORCES NATURELLES

RECUEILLIES

GRATUITEMENT ET MISES EN RÉSERVE,

PAR

M. ANDRAUD.

Troisième Edition

AUGMENTÉE D'UNE PARTIE EXPÉRIMENTALE,

EN COLLABORATION AVEC

M. TESSIÉ DU MOTAY.

PARIS

CHEZ GUILLAUMIN, ÉDITEUR
DU *Dictionnaire du Commerce et des Marchandises,*
GALERIE DE LA BOURSE, 5, PANORAMAS.

1841.

J'ai cru devoir ne rien changer, dans cette nouvelle édition, à la partie purement théorique, publiée il y a trois ans, et qui précède ici le compte rendu des expériences faites depuis, bien que ces expériences m'aient conduit à reconnaître que, sur certains points, mes vues premières dussent être modifiées. J'ai pensé qu'il était bon de maintenir, tel que je l'ai fixé, le point de départ de la question relative à l'*aërodynamie*, afin qu'on put suivre les transformations qu'elle a déjà subies, et qu'elle subira sans doute encore, dans son passage de l'hypothèse à la pratique. En général, les principes de la doctrine nouvelle que j'ai exposée ont été confirmés, et même dépassés par les faits : aujourd'hui, plus que jamais, j'ai la conviction que l'air, considéré comme puissance dynamique, est destiné à ouvrir à l'industrie un champ d'une fécondité inépuisable; heureux d'avoir été le premier à signaler cette terre inexplorée, et d'avoir pu, avec le concours jeune et fervent d'un ami du progrès, en commencer le défrichement.

THÉORIE

(1839).

> Dans les expériences physiques, les choses qu'on trouve valent souvent mieux que les choses qu'on cherche.
>
> NEWTON.

EXPOSITION.

Je me propose de rendre meilleures toutes les conditions de l'industrie humaine, en indiquant l'emploi d'une force immense que la nature nous offre partout avec profusion.

Je dirai comment cette force, recueillie gratuitement, peut se mettre en réserve pour être employée en·temps et lieux convenables.

Tous les actes du travail qui donne la vie à nos sociétés s'opèrent par la force brute réglée par l'intelligence. Mais cette force n'a pas été toujours la même ; il est bon d'observer les modifications qu'elle a subies à travers les siècles. Dans les premiers temps, l'homme n'usait que de sa propre force ; plus tard, il emprunta celle des animaux domestiques ; plus tard encore, la chute des eaux, et enfin, de nos jours, l'expansion de la vapeur. Or, nous remarquons que la force de l'homme est plus faible et plus coûteuse que celle des animaux ; que la force des animaux est plus faible et plus coûteuse que celle des chutes d'eau ; et que la force des chutes d'eau (bien placées) est plus faible et plus coûteuse que celle de la vapeur. Le terme naturel de cette progression est d'arriver à une force d'une puissance indéfinie, et qui ne coûte rien.

Eh bien ! cette force, destinée à changer la face du monde matériel, et par suite du monde moral, elle réside dans l'expansion de l'air comprimé par les eaux et par les vents.

DE L'AIR COMPRIMÉ COMME MOTEUR UNIVERSEL,

Le fluide qui enveloppe notre globe renferme non seulement tous les éléments de la vie, mais aussi toutes les puissances dynamiques que l'homme doit soumettre aux calculs de son intelligence, et dans lesquelles il doit puiser un jour l'affranchissement du travail matériel.

L'air en liberté se fait toujours équilibre, et n'exerce sur les corps aucune pression ; mais lorsqu'il est renfermé et qu'on le resserre dans un espace plus étroit que celui qu'il occupe étant libre, il manifeste une force expansive d'autant plus énergique que la pression est plus considérable.

Pour évaluer cette force d'expansion, on a calculé le poids de l'air ; on a trouvé que sur une base donnée, une colonne d'air qui aurait pour hauteur l'épaisseur de l'atmosphère, pèse autant que le ferait une colonne d'eau de 32 pieds, ou qu'une colonne de mercure de 28 pouces ; c'est là ce qu'on appelle le poids de l'atmosphère.

L'air étant compressible à l'infini, on comprend qu'on peut lui donner une force expansive illimitée, et le rendre capable de soulever le poids de plusieurs atmosphères. On cite des expériences où l'on a comprimé l'air jusqu'à 114 et même 120 atmosphères ; c'est un ressort qu'on bande autant qu'on veut, et qui ne casse jamais.

Je viens donc proposer d'admettre l'air comprimé comme agent universel pour la transformation et la conservation des forces naturelles, et de le substituer, autant qu'il se pourra, à la vapeur d'eau et aux autres agents mécaniques.

J'exposerai les moyens d'exécution qui me paraissent les plus convenables, et je dirai quelles applications peuvent être faites du nouveau moteur au service des usines et fabriques, à la navigation, à la locomotion, à l'agriculture, et à d'autres grandes industries inconnues auxquelles ce moteur donnera naissance.

SUPÉRIORITÉ DE L'AIR COMPRIMÉ SUR LA VAPEUR.

—

L'emploi de la vapeur d'eau est accompagné de nécessités fâcheuses, surtout dans le service des bateaux et des locomotives. Cette fumée qui offusque et salit, ces approvisionnements d'eau et de charbon qui encombrent les convois et occasionnent tant de dépenses, ces fournaises si difficiles à conduire et d'où sortent tant de catastrophes, tout cela tempère considérablement la juste admiration que nous inspirent ces prodiges de force et de vitesse. Mais de tous les inconvéniens de la vapeur, le plus grand est, qu'elle doit être employée au moment même où elle est formée ; nuls moyens d'en faire économie ni réserve.

L'air comprimé ne présente aucun de ces désavantages : il se puise partout gratuitement ; il est sans pesanteur appréciable ; il peut se mettre en réserve et se conserver, comme nous le dirons plus loin; un enfant peut, sans peine et sans danger, en régler l'émission. Toute la question se réduit donc, quant à présent, à substituer aux chaudières, dans les machines à vapeur, des récipients chargés d'air comprimé.

Nous ne parlerons pas ici de la solidité qu'il conviendra de donner à ces récipients; nous reviendrons plus tard sur cet objet d'une haute importance; nous nous bornerons seulement à faire observer qu'à dimensions et résistance égales, un récipient rempli d'air comprimé pourra subir une pression beaucoup plus considérable que s'il renfermait de la vapeur; car, dans le premier cas, la température demeure à peu près étrangère à l'action de la force, tandis que, dans le second cas, la puissance expansive de la vapeur ne s'obtient et n'agit que par un développement excessif de chaleur, et que cette chaleur même tend à désunir les molécules de la matière dont est composé le récipient; d'où il suit qu'on diminue la force de ce récipient à mesure qu'on l'oblige à résister davantage; absurdité nécessaire, une des causes des explosions.

Admettons donc en principe que tel vase, chargé de vapeur et soumis à l'action d'un feu violent, éclatera avant d'avoir subi, par exemple, une pression de vingt atmosphères, qui en aurait supporté

soixante s'il eût été chargé à froid d'air comprimé (1).

Sur ce fait, avoué par la théorie et consacré par
la pratique, repose en partie le système que nous
allons développer.

(1) De nombreuses expériences, faites récemment, ont
constaté que l'air peut se comprimer à de très-hautes pressions, dans des récipients de tôle assez mince; et qu'il n'y a
aucune analogie entre l'action expansive de l'air emprisonné et celle de la vapeur.

DE QUELLE MANIÈRE L'AIR COMPRIMÉ POURRA PRODUIRE UN MOUVEMENT RÉGULIER ET CONTINU.

—

Une objection se présente : dans les machines à vapeur, la force motrice produit un mouvement continu, parce qu'elle est sans cesse renouvelée par l'action du feu. Comment l'air comprimé remplira-t-il les mêmes conditions, lui qui ne se reproduit pas instantanément? Le voici :

Supposons un récipient appliqué à une locomotive destinée à parcourir un certain trajet. Admettons que la capacité de ce récipient soit cinq cents fois plus considérable que la capacité du cylindre ou corps de pompe où se meut le piston, et que l'air s'y trouve comprimé à soixante atmosphères.

On sait que les machines à vapeur fonctionnent à la pression commune de trois atmosphères; il faudra donc régler les choses de telle sorte que l'air passe du récipient dans le cylindre à la pression

constante de trois atmosphères, à quoi l'on par-
viendra au moyen d'un petit récipient intermédiaire, auquel je donne le nom de *régulateur*, et
que je décrirai en son lieu.

Or, notre récipient, chargé à soixante asmosphè-
res, et contenant cinq cents fois la capacité du cylindre, équivaudra à un réservoir contenant dix
mille fois la capacité du cylindre à la charge de
trois atmosphères. Nous pourrons donc remplir et
vider dix mille tois le cylindre, c'est-à-dire obtenir cinq mille *va-et-vient* du piston, ou, en d'autres
termes, cinq mille tours de roue. Si la roue porte
quatre mètres de circonférence, la locomotive parcourra vingt mille mètres ou cinq lieues.

Les chiffres sur lesquels je viens d'argumenter
sont hypothétiques ; l'expérience décidera s'ils sont
au-dessus ou au-dessous du terme que l'on pourra
atteindre (1). Je voulais seulement établir un principe et non en fixer les limites.

Lorsque je parlerai de l'application du nouveau
moteur à la locomotion, j'indiquerai de quelle
manière se renouvellera l'air comprimé à chaque
station.

---

(1) Les essais faits jusqu'à ce jour permettent d'espérer
que ce terme sera dépassé et de beaucoup.

DE L'AIR COMPRIMÉ OBTENU GRATUITEMENT.

—

L'air, auquel nous avons reconnu une faculté de compression et une puissance d'élasticité capables de répondre aux besoins les plus étendus de l'industrie, l'air cependant ne nous est pas donné dans cet état de tension qui le rend si précieux. Ce fluide, tel qu'il se présente à nous, se fait perpétuellement équilibre à lui-même, et ne serait ainsi d'aucune utilité pour produire le mouvement. Pour transmettre la force, il faut qu'il l'ait préalablement reçue, et à cet égard il se trouve assujetti à la même nécessité que tous les autres agents mécaniques. Les animaux puisent leur force dans l'alimentation, la vapeur d'eau puise la sienne dans la combustion de la houille. Ce sont là des causes incessantes de dépenses. Pour comprimer l'air, faudra-t-il aussi emprunter, à grands frais, le secours d'une force étrangère? Ce serait reculer la difficulté sans la résoudre. Voilà ce qui a toujours arrêté la question, car on sait, depuis longtemps, toute l'énergie de l'air comprimé, et l'on n'a pas songé à en tirer parti.

Le problème se réduit donc à trouver le moyen de comprimer l'air *gratuitement*. Eh bien, la nature qui renferme tout, vient encore à notre aide ; elle nous présente partout, toujours, et avec profusion, des forces qui ne coûteront que le soin de les recueillir. Ces forces, données gratuitement, résident dans la *marche des eaux* et dans la *course des vents*. Il y a dans le courant du Rhône, mille fois plus de forces qu'il n'en faudrait pour faire mouvoir toutes les mécaniques du monde.

Voici donc ce que je propose : établir partout où besoin sera, des roues éoliques et hydrauliques ; adapter à chacune de ces roues, une ou plusieurs bonnes pompes foulantes qui compriment l'air dans un récipient, et employer cet air comprimé comme moteur universel. Je donnerai le dessin de nouvelles roues éoliques et hydrauliques, propres à opérer cette transformation des forces naturelles.

Remarquez que le système dynamique dont je veux poser les bases, ne repose que sur la combinaison ignorée de trois pouvoirs fort connus et pratiqués depuis des siècles ; l'homme n'invente rien, il ne fait que découvrir des rapports. Il y a

2

longtemps que l'air comprimé dans des soufflets
active le feu de nos fourneaux ; la plupart de nos
usines et de nos fabriques se meuvent par l'action
des eaux courantes ; d'innombrables navires sillonnent les mers en ouvrant leurs ailes au souffle des
vents. Mais ces trois puissances n'ont agi jusqu'à ce
jour qu'isolément ; réunissons-les, et, de leur concours, nous verrons sortir des merveilles d'un nouveau monde.

DE L'AIR COMPRIMÉ PAR L'ACTION DE LA VAPEUR.

En attendant que l'industrie puisse disposer avec profit du secours gratuit des roues éoliques et hydrauliques pour comprimer l'air, je propose d'employer la force de la vapeur à cette opération. Il est vrai que cette force, ainsi transformée, représentera une certaine valeur qu'on aurait pu économiser ; mais il restera l'inappréciable avantage d'avoir en réserve une force dont on usera, sans embarras, en temps utiles et en lieux convenables. Il est bien entendu que cet emploi de la vapeur comme agent de compression, n'est que transitoire. Je ne l'indique qu'en vue de presser le cours des expériences qui seront faites ; le but principal de mon système étant d'obtenir des forces gratuites, il faut qu'on tende à l'emploi général des roues éoliques et hydrauliques.

L'AIR COMPRIMÉ, OU LA FORCE, PEUT SE TRANSVASER, SE TRANSPORTER, ET SE METTRE EN RÉSERVE.

—

Les vents et les eaux courantes auxquels nous empruntons la force que nous voulons communiquer à l'air en le comprimant, n'agissent pas d'une manière constante : les vents ne soufflent que par caprice, les eaux tarissent, débordent ou gèlent ; et d'ailleurs les besoins de l'industrie ne sont pas sans interruption ; l'homme qui dirige tout travail a besoin de repos ; il est donc d'une importance capitale de pouvoir recueillir la force, et de la mettre en réserve pour la transporter là où elle est utile, et l'employer lorsqu'il en est besoin. Or, il est évident que le système que nous proposons répond parfaitement à ces nécessités. Nous avons dit qu'à chacune de nos roues éoliques ou hydrauliques est adaptée une ou plusieurs pompes foulantes, qui compriment l'air dans un récipient ; il es

aisé de concevoir qu'il sera facile de détacher ce récipient des pompes, et d'y substituer un récipient vide, lequel fera, plus tard, place à un autre, et ainsi de suite. On conçoit également que les vases remplis d'air comprimé au degré voulu, et que nous supposons d'ailleurs hermétiquement fermés, pourront être facilement transportés d'un lieu dans un autre, et'gardés en réserve. Il faut qu'on arrive à ce point, que chacun puisse avoir des *forces* en magasin, comme on a aujourd'hui des chevaux à l'écurie pour le travail du lendemain. Il s'établira, en lieux convenables, des réservoirs à poste fixe, où chacun viendra, avec son vase vide, puiser de la *force*, moyennant une faible rétribution, comme nous voyons dans Paris les porteurs d'eau emplir leurs tonneaux aux fontaines publiques. La *force* deviendra marchandise, qu'on fabriquera et qu'on vendra.

L'AIR POURRA SE COMPRIMER AU DEGRÉ LE PLUS ÉLEVÉ.

—

Je n'entends pas développer ici la théorie des forces ni les principes de leur génération ; ce sont choses connues auxquelles seulement je réserve, dans mon système, de larges applications ; je me bornerai à dire qu'au moyen des roues éoliques et hydrauliques, que je multiplie sur tous les points du territoire pour y récolter les forces gratuitement, on pourra parvenir à comprimer l'air au degré le plus élevé. D'abord, je recommande de placer ces agents dans les positions les plus convenables : pour les roues hydrauliques, on choisira les chutes d'eau sans emploi, les courants les plus rapides ; pour les roues éoliques, les hauteurs et les gorges où le vent souffle avec le plus de constance et le plus d'énergie. Je laisse aux mécaniciens le soin d'étudier le meilleur système à employer pour communiquer le mouvement aux pompes foulantes. Ils comprendront que du rapport qui sera établi entre ces pompes et les roues qui les mettront en jeu, résultera le degré de pression exercée sur l'air. Plus sera grand le rayon des roues motrices, eu égard à la force des pompes, plus la pression obtenue sera considérable. Quelle que soit la force première dont on dispose, on arrivera à en obtenir la pression la plus élevée, si on y met le temps.

Quant au degré de pression auquel on pourra parvenir, nous avons, par des expériences faites récemment à Paris sur le gaz hydrogène, acquis l'assurance qu'on pourra atteindre et dépasser soixante atmosphères. Les récipients qui ont servi dans ces expériences n'étaient cependant formés que d'une tôle assez mince. Nous avons déjà dit qu'en Angleterre on a comprimé l'air jusqu'à cent quatorze, et même cent vingt atmosphères. On ira plus loin.

J'ai imaginé un moyen de fouler l'air à un degré indéfini avec des pompes de force médiocre, auxquelles je donne le nom de pompes à effet progressif ; je me propose d'en faire, plus tard, l'objet d'un travail spécial. Je me borne, quant à présent, à dire que je fais mouvoir ces pompes dans l'intérieur de récipients qui contiennent déjà de l'air comprimé à un certain degré ; les récipients communiquent entre eux, au moyen de tuyaux garnis de valves. J'en ai dit assez pour faire comprendre le jeu des pompes intérieures, dont chacune refoule de l'air déjà comprimé dans un récipient voisin, contenant de l'air plus comprimé encore. Le présent écrit ne peut, à cause de l'immensité du sujet, que contenir des indications (1).

Enfin, on obtiendra une très grande augmentation de l'air comprimé, si, avant de l'employer, on le dilate par la chaleur. La difficulté sera de combiner l'action simultanée de la compression et de la dilatation. S'il m'est donné d'entreprendre sur cet objet des expériences suivies, je me propose d'essayer une forme de dilateur dont j'attends les meilleurs résultats.

_____

(1) On verra, plus loin, dans la partie expérimentale, que nous avons trouvé un moyen de comprimer l'air instantanément, et sans danger, à plusieurs milliers d'atmosphères.

DES ROUES ÉOLIQUES ET HYDRAULIQUES.

—

On préfèrera, lorsqu'on en aura le choix, l'emploi des roues hydrauliques à l'usage des roues éoliques, parce que ordinairement l'action des eaux est plus constante et plus énergique que celle des vents. Mais, dans tous les cas, j'engage les mécaciens qui s'occuperont de ces agents générateurs de la force, à ne jamais perdre de vue que le but principal de notre système est d'obtenir des forces gratuites : il faudra donc que ces roues à eau ou à vent, de composition simple, mais forte, puissent s'établir à peu de frais, et fonctionner sans entretien ni surveillance. Quant aux formes qu'il faudra donner de ces roues, j'ai déjà dit que je me propose de décrire, autre part, quelques modèles qui me paraissent convenables ; jusque là je renvoie aux divers traités qui ont pour objet spécial cette partie de la mécanique.

DES POMPES FOULANTES.

—

Nous touchons aux difficultés matérielles de l'affaire. L'ensemble du système des forces gratuites et réservées repose, ce nous semble, sur des données fort simples, et que l'esprit le plus ordinaire peut facilement comprendre ; mais nous ne nous dissimulons pas que beaucoup d'obstacles en ralentiront le développement, à cause de l'extrême précision qu'il faudra apporter dans l'exécution des machines, notamment des pompes et des récipients. L'air est d'une subtilité excessive, et d'autant plus grande qu'il est plus violemment comprimé. Ce ne sera pas trop du concours de tous les ouvriers habiles et de la constance de leurs efforts, pour arriver à fabriquer des vases hermétiquement clos, et assez forts pour lutter avec avantage contre la force expansive de l'air emprisonné. Au temps où vivait Papin, on connaissait parfaitement la puis-

sance de la vapeur ; cet homme éminent a fort bien
expliqué comment on pourrait l'employer, comme
moteur, au moyen de cylindres où joueraient des
pistons ; mais on manquait alors d'ouvriers qui sus-
sent fabriquer des cylindres : il a fallu plus de cent
ans pour en arriver là. Nous sommes à cet égard
dans une position plus heureuse que celle où se
trouvait Papin : aujourd'hui tous les esprits, va-
guement préoccupés de la pensée qui me domine,
sont convaincus que la vapeur n'est pas le dernier
mot de l'industrie : tout le monde pressent quelque chose au-delà ; et si ce quelque chose est clai-
rement indiqué ici comme je crois l'avoir fait,
chacun travaillera à en assurer la réalisation ; moi-
même j'y ferai de mon mieux : non content d'avoir
posé mon système en théorie, je m'appliquerai à
l'affermir par la pratique.

Les pompes foulantes seront l'agent mécanique
le plus généralement employé pour la génération
des forces gratuites. Ces pompes sont fort connues ;
elles s'emploient déjà dans mille circonstances,
mais rarement pour exercer des pressions qui dé-
passent cinq ou six atmosphères. Il y aura donc à
porter une attention particulière sur la fabrication
de ces pompes, qui devront pouvoir fonctionner
jusqu'à la puissance moyenne de soixante atmosphères. Je conseillerai aussi de les construire à

double pression; car la force qui les mettra en mouvement ne coûtant rien, il n'y aura pas lieu à l'é-
conomiser, et il y aura avantage à ne pas perdre
de temps, en ayant soin d'utiliser le va-et-vient
du piston qui opèrera directement d'un seul coup
l'aspiration de l'air et sa pression.

Je rappellerai aussi que ces machines, dont on
aura à fabriquer des quantités immenses, devront
pouvoir se vendre à bon marché, et ne pas exiger
de surveillance coûteuse. On aura soin de les en-
fermer dans des boîtes qui les protègent contre tout
accident.

Au reste, je prévois que, dans un temps plus ou
moins éloigné, on se dispensera des pompes, soit
qu'on invente pour comprimer l'air des moyens
plus simples et plus énergiques, soit qu'on se passe
tout-à-fait de la compression pour n'user que de la
dilatation.

DES RÉCIPIENTS.

—

Voici la pièce capitale du système. Le vase dépositaire de la force doit réunir, au plus haut degré possible, la solidité et la légèreté. C'est vers ce double but que j'engage les fabricants à diriger leurs efforts. Si les récipients doivent opposer une résistance toujours supérieure aux efforts de l'air comprimé, il ne faut pas oublier non plus qu'ils doivent se transporter facilement d'un lieu dans un autre, et qu'il y a grand intérêt à ce qu'ils ne surchargent pas trop les voitures légères auxquelles on les appliquera comme moteurs. Il y aura surtout nécessité de les construire aussi légers que possible, lorsqu'ils seront employés, comme on le dira, à la locomotion aérienne.

Dans les circonstances où la légèreté du récipient ne sera pas une condition essentielle, et lorsqu'on voudra obtenir un très haut degré de pression, peut-être y aura-t-il avantage à tubuler l'intérieur du récipient, et à le consolider à l'extérieur par des cercles sur champ. J'engage à faire des expériences dans le sens de cette indication.

Quant à la matière à employer de préférence pour la fabrication des récipients, les métallurgistes, ou mieux les expérimentateurs, décideront. Je crois le fer doux laminé fort convenable.

Comme on aura besoin de ces récipients pour les usages les plus vulgaires, et que, dans plusieurs circonstances, le bon marché sera une condition indispensable, je crois qu'on pourra construire de ces récipients en bois doublé de zinc, et garnis au dehors de bons cercles en fer : on en pourra aussi construire en forte toile doublée de caoutchouc, plusieurs fois repliée sur elle-même.

Quant à la forme, je ne vois rien de mieux que celle qu'on a jusqu'à ce jour adoptée pour les chaudières à vapeur : un cylindre terminé par deux hémisphères. C'est la forme la plus rationnelle après la forme sphérique, laquelle n'est pas admissible à cause de l'incommodité qu'elle présente.

DES RÉSERVOIRS.

Les réservoirs ne diffèrent des récipients qu'en ce qu'ils sont établis à poste fixe, qu'ils sont de capacité plus considérable, et construits avec plus de solidité pour supporter une pression plus forte. Les réservoirs reçoivent immédiatement la force que leur communiquent les pompes foulantes, ou sont alimentés par de longs tuyaux qui leur apportent la force recueillie au loin.

Sauf meilleure disposition que l'expérience pourra indiquer, je crois que les réservoirs devront se former d'un ou de plusieurs grands cylindres, dont la longueur ne dépassera pas dix mètres, et le diamètre un mètre.

C'est aux réservoirs qu'on viendra, avec des récipients vides, puiser de la force au moyen de tuyaux de communication munis de robinets.

Les réservoirs, ainsi que les récipients, seront

enduits à l'extérieur et à l'intérieur ; à l'extérieur, pour les préserver de l'action de l'air ambiant ; à l'intérieur, pour que l'enduit, poussé violemment par l'air comprimé, s'introduise dans toutes les fissures ou pores par où cet air pourrait s'échapper.

Cette question de la clôture hermétique des vases dépositaires de la force, est capitale. Je recommande particulièrement cet objet à l'attention des fabricants.

D'après le principe des pompes à effet progressif dont il a été parlé plus haut, j'ai imaginé une disposition des récipients et des réservoirs telle qu'on y pourra opérer une pression en quelque sorte indéfinie sans les faire éclater. Au moyen de cette combinaison, un vase de la force de 30 atmosphères en supportera 60 et 90 sans avoir à opposer plus de résistance ; mais il faut pour en venir là, qu'on ait perfectionné le système des pistons et des soupapes. J'appellerai ces vases : *récipicients à force multiple*.

DU RÉGULATEUR.

—

Nous avons dit que pour employer l'air comprimé comme moteur, il fallait qu'il passât du récipient qui le renferme, dans le cylindre où joue le
piston qui communique le mouvement; mais on
conçoit que ce passage de la force doit être réglé
de manière à ce qu'elle agisse dans le cylindre avec
une puissance constante. Or, si la transmission de
l'air comprimé s'opérait directement par une certaine ouverture, il est évident que le piston rece-
vrait un choc violent lorsque l'air comprimé se
précipiterait dans le cylindre; ce qui briserait tout,
ou du moins occasionnerait un mouvement trop rapide. Il est évident aussi que ce mouvement se ra-
lentirait bien vite, et qu'il diminuerait à mesure que
l'air se déprimerait; de là une action irrégulière
dont on ne pourrait rien tirer de bon. La première
idée qui se présente pour obvier à ces inconvénients,

3

c'est de n'introduire l'air comprimé dans le cylindre, que par une ouverture d'abord fort petite et qui s'élargit à mesure que la tension de l'air diminue. Ce serait le travail d'un homme intelligent attaché au service du robinet. Mais cette obligation d'avoir toujours là un homme qui règle l'action de la force, est un embarras et une cause de dépense contraire à notre principe, qui est d'obtenir des forces gratuites. Je veux donc disposer les choses de telle sorte que l'air comprimé en sortant du récipient, s'ouvre lui-même la porte, de manière à n'arriver dans le cylindre que sous une pression déterminée. A cet effet, j'ai imaginé un petit appareil dont je donnerai la description en temps convenable. Cet appareil, d'une grande simplicité, a quelque analogie avec le mécanisme que renferment les vases à gaz comprimé, et que tout le monde connaît.

Je donne à cet appareil le nom de régulateur; on l'emploiera de préférence pour toutes les machines à poste fixe. Quant aux machines qui desserviront des locomotives, j'indiquerai par quel moyen les conducteurs peuvent régler la force motrice avec une extrême facilité.

L'EMPLOI DE L'AIR COMPRIMÉ AMÈNERA UNE GRANDE SIMPLIFICATION DANS LES MACHINES.

La substitution de l'air comprimé à la vapeur doit amener à simplifier considérablement les machines : plus de ces énormes approvisionnements d'eau et de charbon, plus de fournaises dévorantes, plus de cheminées, plus de lourdes chaudières ; c'est-à-dire plus de surcharge et d'encombrement, infiniment moins de dépenses. Mais ce n'est pas assez ; de si riches conquêtes nous excitent à pousser plus avant. Ne pourrions-nous pas encore améliorer tout ce mécanisme qui transmet la force ? Par exemple, ce mouvement rectiligne de va-et-vient transformé en mouvement circulaire ; ce cylindre de longueur bornée où, par le jeu alternatif du piston, la force se refoule continuellement sur elle-même et s'épuise ; cette bielle qui agit si misérablement, qu'un grand tiers de la force vient se perdre sur l'axe de la roue qu'il va faire tourner ; tout cela m'a toujours déplu. Je voudrais qu'au sortir du récipient, l'air comprimé vînt agir avec toute sa force, directement et par la tangente, sur la circonférence de la roue à faire mouvoir, comme l'eau des moulins tombe sur les roues à augets. De toutes les améliorations de détail qui doivent résulter de notre système, il n'en est aucune qui ait été pour moi l'objet d'une étude plus constante ; car, en dehors même de la question de l'air comprimé, je ne sache pas qu'il y ait, dans la science dynamique, un problème plus important à résoudre que le tournoiement des roues par l'action immédiate et directe de la force motrice. J'ai voulu connaître ce qui a été fait à ce sujet en Angleterre, pays de la mécanique. Watt méditait quelque chose de mieux que les admirables inventions qu'il nous a laissées sur les machines à vapeur ; il a écrit quelque part : « Je me propose de construire des machines à *cylindres annulaires*. » S'il n'a pas résolu le problème, il lui reste du moins la gloire de l'avoir posé. Beaucoup d'ingénieurs ont attaché leurs noms, par des essais plus ou moins heureux à cette question non encore vidée : Cooke, Welman, Wright, Stadler, Friman, Ève, Murdock, Hornblower, Flint, Cleeg, et de nos jours lord Cochrane, ont proposé des roues à vapeur. Je ne connais pas la machine du lord ; toutes les autres m'ont paru vicieuses, parce qu'aucune d'elles n'est construite de manière à pouvoir instantanément tourner en sens contraire, et que toutes, celle de Stadler exceptée, comportent des valves à charnières. Quelques essais ont eu lieu aussi en France. J'ai vu une roue où la vapeur agit par *réaction,* et une autre où elle agit par *entraînement.* La puissance de ces deux machines me semble fort limitée. Il faut de toute nécessité, pour arriver à une bonne solution, que la vapeur soit hermétiquement emprisonnée, et qu'elle agisse par *expansion.*

Si, comme j'en ai la conviction, on parvient à introduire dans la mécanique l'emploi de la roue à air ou à vapeur, le système de l'air comprimé en recevra son plus riche complément, surtout, comme nous le verrons plus loin, en ce qui concerne les actes de locomotion ou de navigation, pour lesquels le mouvement circulaire pourra s'employer directement.

Je suis d'avis néanmoins qu'il faut conserver les cylindres à piston droit, pour tous les cas où l'on emploie directement le mouvement de va-et-vient, comme dans les machines à fabriquer le chocolat, dans les scieries à scies droites, dans les pompes de toute espèce. On a peine à s'expliquer pourquoi, dans ces différents cas, nos mécaniciens transforment le mouvement de va-et-vient en mouvement circulaire, pour transformer immédiatement ce mouvement circulaire en mouvement de va-et-vient. Il y a là évidemment perte de force et complication inutile des machines.

Cette anomalie mécanique provient sans doute de ce qu'on se sert fort commodément du mouvement circulaire pour obtenir alternativement l'ouverture et la fermeture des robinets ou tiroirs par lesquels la vapeur s'introduit dans le corps de pompe, ou en sort. Mais on peut très bien pour cela se passer du mouvement circulaire ; rien n'est plus facile en effet, que de confier au piston lui-même le soin d'ouvrir et de fermer la porte à l'air ou à la vapeur. J'en indiquerai le moyen, qui est d'une extrême simplicité.

APPLICATIONS DIVERSES.

APPLICATION DE L'AIR COMPRIMÉ, AUX MACHINES FIXES.

Nous avons proposé d'admettre l'air comme moteur ; il est bien entendu que ce n'est qu'à titre de force recueillie gratuitement par les vents ou par les eaux, et mise en réserve pour être employée en temps et lieux convenables ; car si l'on avait à appliquer, directement et sur place, la force de ces deux moteurs, à quoi bon la transformer ? Je veux donc qu'en cas de travail immédiat on ne change rien au régime des machines éoliques et hydrauliques. Mais si la puissance du vent ou des eaux dont vous pouvez disposer se manifeste loin des lieux où il vous serait utile d'en faire emploi, recueillez-la, comme j'ai dit, et transportez-la où vous en avez besoin.

Il arrive souvent qu'on possède une chute d'eau d'une certaine puissance, et dont on ne se sert que par intervalles (pendant le jour, par exemple, et non pendant la nuit) ; dans ce cas, il est évident

qu'il y aura avantage à recueillir durant le chô-
mage la force qui se perd, afin de l'utiliser à la
reprise du travail ; de cette manière une chute
d'eau ou un courant, de la force de vingt chevaux,
rendra le service d'un moteur de la force de quarante. Même chose, mais en sens inverse, à l'égard
des agents éoliques : votre moulin à vent produit
une force bien supérieure à celle que demanderait
le travail auquel il est destiné, mais ce travail est
souvent interrompu, parce que le moteur souffle
par caprice. Eh bien, pendant que le vent déploie
une surabondance de force, au lieu de replier vos
ailes, recueillez cet excédant de force qui se perd,
mettez-le en réserve pour en user dans les mo-
ments de calme ; vous pourrez ainsi obtenir une
action continue là où vous n'agissez que par inter-
mittence.

Les préceptes que nous indiquons doivent recevoir particulièrement leur application dans les
grands établissements industriels, tels que manufactures, usines, fabriques, moulins, etc.

Je pense que les travaux d'extraction des car-
rières et des mines deviendront plus faciles, plus
prompts et plus économiques, par l'emploi des forces mises en réserve ; car d'ordinaire il sera facile
de monter des fabriques de force dans le voisinage
de ces sortes d'établissements.

Par une combinaison mécanique fort simple, que je décrirai autre part, l'air comprimé pourra être employé très facilement et très énergiquement, même loin de la force de compression, au desséchement des marais et à l'épuisement des mines inondées. Je dirai aussi comment, par l'air comprimé, on obtiendra, avec promptitude, le durcissement et le colorage des bois, le tannage des cuirs et la teinture des étoffes.

J'entends, enfin, que le moteur gratuit que je propose, trouve sa place chez tous les artisans où il est fait emploi de la force brute, tels que tourneurs, menuisiers, potiers, etc., et même dans toutes les maisons, pour l'épuisement ou l'élévation des eaux.

Il est entendu que je laisse aux mécaniciens le soin d'étudier les meilleurs moyens d'application ; ce sont affaires de détail.

Que si je porte ma pensée sur l'avenir, j'estime qu'il arrivera un temps où les autorités municipales établiront, dans les villes, de vastes réservoirs d'air comprimé, où tout le monde ira, pour les menus besoins domestiques, puiser de la force, devenue objet d'utilité première, comme on va aujourd'hui puiser de l'eau à nos fontaines publiques.

APPLICATION DE L'AIR COMPRIMÉ, A LA LOCOMOTION SUR LES CHEMINS DE FER.

—

Par fortune, l'industrie des voies de fer, qui est destinée à recevoir du nouveau moteur le secours le plus nécessaire, est aussi celle où son application sera plus facile. Il suffit de comparer ce qui est, à ce qui sera. Comment les choses se passent-elles sur les chemins de fer, tels que nous les avons aujourd'hui ? Une lourde locomotive, embarrassée de son approvisionnement d'eau et de charbon, traîne à la remorque une suite de voitures attachées les unes aux autres. Cette fournaise voyageuse ne saurait marcher autrement qu'à la tête d'un convoi, en voici la raison : la locomotive, qui a coûté fort cher à construire, exige de grands frais d'entretien et des dépenses considérables d'alimentation ; il faut donc, pour couvrir tout cela, qu'elle serve, elle seule, à transporter une grande masse de marchandises ou un grand nombre de voyageurs, sans quoi il y aurait perte. C'est déjà une nécessité fâcheuse que de ne pouvoir marcher avec profit qu'en grandes caravanes, parce qu'il n'y a pas toujours possibilité de former ces nombreuses réunions de voyageurs. Remarquez en outre que la locomotive recevant le mouvement sur un seul essieu, deux de ses roues seulement mordent le rail pour entraîner le convoi, de sorte que si le chemin présente une certaine pente, les deux roues d'action tournant sur elles-mêmes sans produire l'effet, le convoi s'arrête ou recule ; il suit de là que les conducteurs de chemins de fer sont obligés, pour arriver à un certain maximum de pente, à des dépenses énormes en déblais et en remblais, en viaducs et en souterrains. Les frais de traction et les frais de péage sont donc nécessairement fort élevés.

Mais, admettez que l'air comprimé soit substitué à la vapeur, tout va changer de face : la locomotive, affranchie de son approvisionnement d'eau et de charbon, n'aura plus à porter qu'un récipient rempli d'air, sans pesanteur appréciable, plus l'appareil qui imprimera le mouvement à l'essieu ; elle pourra donc elle-même porter la marchandise ou les voyageurs qu'elle traînait à la remorque ; et comme la force qui la fera mouvoir ne coûtera rien ou très peu de chose, elle pourra partir seule avec son chargement quel qu'il soit. Autre avantage : tout le chargement portant sur l'essieu qui reçoit l'impulsion première, les roues d'action mordront le rail avec une grande énergie, et les côtes les plus roides pourront être montées sans difficultés. Voilà donc les constructeurs de chemins de fer fort à leur aise : ils peuvent suivre la direction des chemins ordinaires, sauf quelques raccords dans les pentes par trop rapides et dans les courbes à petits rayons ; ils n'ont qu'à poser leurs lignes de fer sur les bas-côtés des routes, concessions que je propose d'accorder gratuitement aux compagnies. Donc, plus d'acquisitions de terrains, plus d'expropriations, plus d'impôt foncier. Les frais de péage se réduiront à peu de chose, les frais de traction à presque rien.

Mais n'y aurait-il aucun danger pour les locomotives dans la descente des côtes ? Voici dans ce cas ce qu'il faudra faire : outre les moyens d'arrêt connus, chaque récipient de locomotive sera muni d'une pompe foulante, laquelle sera mise en mouvement par l'essieu, dans les descentes trop rapides ; alors il y aura, à la fois enraiement, et compression de l'air. De cette manière, vous récupérerez aux descentes une partie de la force que vous aurez dépensée aux montées.

Je fais observer néanmoins qu'il faudra toujours rechercher de préférence les routes planes, à cause de la vitesse qu'elles seules peuvent comporter ; j'ai voulu dire seulement que les fortes pentes (1) ne seront plus, comme aujourd'hui, dans l'établissement des chemins de fer, un obstacle insurmontable.

J'ai déjà décrit comment un récipient chargé d'air fortement comprimé, peut produire un mouvement continu au moyen d'un appareil que je nomme *régulateur*. Je suis arrivé à cette conclusion, que tel récipient pourra contenir assez de force pour transporter une locomotive à vingt mille mètres. Il est entendu que ce point, admis en théorie, a besoin d'être consacré par la pratique.

Voici donc les mesures qu'il conviendra de prendre pour parcourir, sans interruptions, les plus longs trajets. Il sera construit sur le bord des chemins de fer, à chaque double myriamètres, ou, s'il y a lieu, à de plus grands intervalles, un réservoir, à poste fixe, continuellement approvisionné de force, soit par de l'air comprimé sur place, suivant les moyens que nous avons décrits, soit par

---

(1) Je fixerais pour maximum d'inclinaison 2 centimètres par mètr e.

de l'air comprimé amené par des tuyaux, des fabriques les plus voisines dans le réservoir. Ce réservoir sera muni d'un robinet tellement disposé, qu'à l'arrivée de la locomotive, le récipient épuisé puisse être mis en rapport avec la masse de forces réservées, et recevoir une provision nouvelle pour fournir un trajet nouveau.

Ces réservoirs, posés de distance en distance, seront autant de relais où l'on viendra raviver presque gratuitement la force motrice.

La capacité de ses réservoirs sera d'autant plus grande, qu'ils auront à desservir un plus grand nombre de locomotives.

Je fais remarquer que plus les réservoirs sont grands comparativement aux récipients, plus l'air arrive fortement comprimé dans ces derniers, lorsqu'ils sont mis en communication avec les réservoirs. En effet, si un vase vide est mis en rapport avec un vase d'égale capacité dans lequel l'air est comprimé à vingt atmosphères, l'air réparti dans les deux vases ne sera plus pressé qu'à dix atmosphères; mais si le vase vide n'est que le vingtième du vase plein, l'air ne perdra en se répandant qu'un vingtième de sa force; il restera comprimé à dix-neuf atmosphères. Il y aura donc un intérêt majeur à construire de vastes réservoirs. Il est entendu que ces réservoirs seront alimentés par des

machines éoliques ou hydrauliques de forces calculées suivant leurs capacités.

On comprend que le système d'approvisionnement que nous prescrivons ne ralentira, en aucune
façon, la marche des locomotives, car les réservoirs
seront généralement placés aux stations mêmes où
doivent s'arrêter les voyageurs; le transvasement
des forces aura lieu pendant que s'opèrera le service ordinaire de chargement et de déchargement :
une minute au plus suffira.

Enfin, j'entends que les voitures à air emprun-
tent une force auxiliaire au souffle du vent, qui est
aussi de l'air comprimé; à cet effet, elles seront
munies d'un système de voiture fort simple, et tel
que l'appareil pourra disparaître dans les temps
calmes. Il faudra que les voiles ne soient pas flot-
tantes, mais absolument rigides, afin que, pour
marcher dans une direction donnée, on puisse utiliser, au moins, les trois quarts des vents de l'horizon.

APPLICATION DE L'AIR COMPRIMÉ A LA LOCOMOTION SUR LES VOIES ORDINAIRES.

—

Si l'air comprimé parvient à remplacer la vapeur avec économie, à plus forte raison pourra-t-il remplacer la force des chevaux qui coûte plus cher. Ce que j'ai dit des locomotives qui roulent sur les chemins de fer, peut s'appliquer à toute espèce de voitures qui circulent dans nos villes et qui parcourent nos routes ; mais une telle innovation ne saurait être tentée avec succès que sur des voies mac-adamisées, et surtout lorsqu'on aura trouvé, pour imprimer le mouvement aux voitures, un mécanisme moins vicieux que celui qu'on emploie aujourd'hui ; or, ce problème sera inévitablement résolu, trop d'esprits s'en occupent.

Si l'on se rappelle que, dans l'ensemble du système précédemment exposé, chacun pourra avoir chez soi une ou plusieurs machines à comprimer l'air, et que, d'ailleurs, il sera établi des réservoirs publics dans les villes et sur les routes, on comprendra qu'il sera très facile de renouveler la force motrice des voitures, lorsque les récipients seront épuisés.

Je propose de fixer ces récipients sur les voitures, de manière à ce qu'on puisse les enlever, et les remplacer par des vases de rechange. J'ai déjà dit qu'on aura des récipients de force en magasin, comme on a des chevaux dans son écurie.

APPLICATION DE L'AIR COMPRIMÉ A LA NAVIGATION.

—

L'emploi de l'air comprimé comme force motrice appliquée à la navigation maritime, ne me semble pas devoir y produire, immédiatement, d'aussi grands résultats que dans la locomotion sur les chemins de fer et sur les routes ordinaires, surtout lorsqu'il s'agira de longues traversées : le renouvellement de la force, dans les récipients épuisés, éprouvera de grandes difficultés, à moins qu'on ne trouve d'autres moyens que ceux que j'ai précédemment indiqués pour opérer ce renouvellement. Peut-être arrivera-t-on à ce point, comme je l'ai déjà fait pressentir, que la dilatation seule de l'air suffira pour reproduire sans cesse le mouvement ; dans ce cas, les bâtiments du plus fort tonnage pourront entreprendre les plus longues traversées.

Mais s'il faut renoncer à établir en mer, de distance en distance, des réservoirs d'air comprimé, il est facile de comprendre que ce système d'approvisionnement est parfaitement applicable sur le cours des rivières, d'autant plus que les rivières, en choisissant les endroits rapides, serviront elles-mêmes de moteurs gratuits pour l'accumulation de l'air dans les réservoirs fixes. J'entends que ces réservoirs soient construits, à des distances calculées, sur le courant même des eaux, afin que les bateaux, en s'y arrêtant, soient mis en communication avec eux pour y puiser de la force nouvelle, comme je l'ai prescrit pour les chemins de fer.

S'il s'agit de navigation sur les canaux, on placera les réservoirs de préférence près des écluses, afin que les chutes d'eau soient utilisées pour la fabrication gratuite de la force.

Je ne veux pas, quant à présent, insister davantage sur l'application du système à la navigation, je ne puis qu'indiquer les choses en masse : chacun de mes courts chapitres pourrait faire l'objet d'un volumineux traité ; cette œuvre de détail viendra plus tard. Je me borne ici à prescrire l'emploi de la machine à rotation dans les bateaux mus par la puissance de l'air comprimé ; je la prescris, même dès à présent, dans les bateaux à vapeur, car cette machine est, surtout, essentielle là où l'emploi du volant est impossible.

Je voudrais aussi qu'on supprimât les roues à palettes qui sortent de l'alignement des flancs du navire. Ces agents mécaniques présentent plusieurs graves inconvénients : ils se heurtent à tout, et, par le clapotement des palettes, impriment au navire un mouvement saccadé. Ils offrent aussi, en cas de guerre, un côté trop vulnérable. Je propose de les remplacer par une sorte de turbine agissant sous la ligne de flottaison, et, tournant seule ou par couple, à l'avant du navire, sur un axe horizontal parallèle à la quille. Je donnerai le dessin de cette roue sous-marine, quand l'expérience aura confirmé ce que j'en attends, d'heureux résultats.

APPLICATION DE L'AIR COMPRIMÉ A L'AGRICULTURE.

—

L'agriculture est la base de tout ; c'est donc aux travaux qui concernent cette industrie qu'il importe essentiellement d'appliquer le système des forces gratuites et réservées. Le labourage des terres, le charriage des récoltes, le battage des grains, exigent une dépense prodigieuse de force ; et, chose étonnante, cette force a toujours été exclusivement empruntée aux bras de l'homme, ou aux animaux soumis à son usage. Il me semble que dans beaucoup de cas on aurait pu employer, pour les travaux dont nous venons de parler, la puissance des eaux ou des vents, comme on l'a fait pour la mouture des blés. Néanmoins, depuis qu'on a pu calculer l'économie que présente la vapeur substituée à la force des animaux, on a tenté, dans quelques pays, d'appliquer ce puissant moteur à la direction des charrues. Les essais ont toujours été infruc-

tueux, parce qu'on s'est obstiné à unir la machine
motrice à la charrue. Voyez-vous une locomotive,
avec son attirail et ses approvisionnements d'eau
et de charbon, se traînant à travers des terres la-
bourées! Il me semble qu'on n'avait pas besoin de
l'expérience, pour être certain de ne pas réussir.
Je crois donc impossible d'appliquer, avec succès,
la vapeur au labourage ; je pense, au contraire,
que la chose serait très facile avec l'air comprimé,
mais dans certaines circonstances et à certaines
conditions : les pays à grandes cultures, plats ou
peu inclinés, comme la Beauce ou la Brie, convien-
draient à cette amélioration. La condition essentielle
serait, en outre, qu'on ne fît usage que de machines
fixes qui fonctionneraient dans certains centres
d'opération ; la force serait transmise à la charrue,
ou aux charrues (car plusieurs pourraient marcher
à la fois), au moyen de tambours et de cordes sans
fin. Ce n'est pas ici le lieu de dire comment tout
cela pourrait s'agencer, ni d'entrer dans les détails
d'un système de labourage avec la nouvelle force
motrice ; j'ai voulu seulement faire entrevoir la
possibilité d'appliquer cette force à la première et
à la plus féconde de nos industries.

Quant au battage et au nettoyage des grains, ils
se feront au moyen de mécaniques simples, mises
en mouvement par nos forces gratuites, et suivant

les meilleurs modes qui seront adoptés, pour la transmission du mouvement, dans les usines et manufactures.

Nos forces gratuites seront également employées à l'ascension des eaux, sur les points culminants du terrain, pour y former un bon système d'irrigations. Elles sont surtout appelées à rendre de grands services à l'agriculture, par l'épuisement des eaux qui inondent les parties basses des terres. J'indiquerai par quelle simple combinaison de la pression de l'air on opèrera les dessèchements les plus étendus.

APPLICATION DE L'AIR COMPRIMÉ A LA DÉFENSE DES VILLES DE GUERRE.

—

Tout le monde connaît le fusil à *vent,* qui n'est autre qu'une machine à air comprimé. Pourquoi ne ferait-on pas des canons à air comprimé? Je n'y vois aucune difficulté insurmontable, ni même sérieuse. Je me figure très bien une forteresse garnie de pièces d'artillerie chargés à plusieurs centaines d'atmosphères.

S'il est une circonstance où il importe d'avoir des forces en réserve, c'est assurément lorsqu'il s'agit de se prémunir contre des attaques soudaines. Or, chaque batterie d'une ville assiégée, ou de tout autre point à défendre, serait desservie par un réservoir commun toujours rempli d'air fortement comprimé à l'avance, et capable de suffire à la projection d'un grand nombre de boulets ; en temps ordinaires, ces réservoirs seraient maintenus chargés par les hommes de la garnison; mais durant le siège, et pendant que les forces accumulées se dépenseraient, les réservoirs pourraient être, sans cesse, réalimentés par la puissante action des machines à vapeur; or, il sera toujours plus facile d'obtenir de la vapeur pour fabriquer des forces de projection, que de fabriquer de la poudre. Une considération fort importante pour la ville assiégée, sera d'être affranchie du magasin à poudre, auxiliaire si souvent fatal à ceux qu'il devrait défendre.

Sous le point de vue économique, la question de l'air substitué à la poudre n'est pas non plus sans importance. Un de nos savans les plus distingués vient de montrer que la projection d'un boulet, au moyen de l'air comprimé, coûterait 90 *fois* moins qu'au moyen de la poudre. Au reste, le nouveau mode de défense exigerait une organisation de service qui nous entraînerait dans de trop longs développemens. Ce travail viendra en son temps.

Je ferai remarquer que l'application que je propose pour la défense des places fortes aurait peu de succès pour l'artillerie de campagne. Si l'on me demande pourquoi je fais cette observation, le voici : j'admets deux espèces de guerres : la guerre de défense, qui est presque toujours légitime et honorable ; et la guerre d'attaque ou de conquête,

qui d'ordinaire est impie et honteuse ; l'une tend
à la paix, et au maintien des libertés ; l'autre mène
les peuples à la ruine et à l'esclavage. Or, la défense des villes participe, presque toujours, des
guerres de la bonne espèce ; s'il en était autrement,
je me serais bien gardé de conseiller l'emploi du
nouveau moteur à la défense des places fortes.

APPLICATION DE L'AIR COMPRIMÉ A LA PERFORATION DE LA TERRE.

—

Depuis quelques années l'industrie des sondages a pris chez nous un immense développement ; la géologie, science nouvelle, en a grandement profité. Cette industrie nous a conduits, par mille expériences qui toutes concordent, à la connaissance d'une loi de physique naturelle dont l'avenir dira l'importance. Par une multitude d'observations thermométriques, pratiquées dans le sein de la terre, et recueillies avec soin depuis plus de cent ans, il a été constaté que le globe est chauffé, non seulement par les rayons du soleil, mais par une chaleur qui lui est propre, et que cette chaleur interne augmente à mesure qu'on pénètre vers le centre de la terre ; on a même calculé qu'elle s'accroît d'un degré à chaque profondeur de vingt-sept mètres.

Que si l'on combine cette loi avec certaines indications que donne la chimie touchant la fusibilité des diverses matières, on trouvera, par exemple, que, dans l'état normal de la terre, à dix-neuf cent dix-sept mètres de profondeur, se rencontrent les eaux bouillantes ; que le plomb est en fusion à six mille neuf cent dix mètres ; le zinc, à huit mille neuf cent dix mètres ; ainsi des autres métaux; et qu'en définitive, à une profondeur qui ne dépasse pas quarante-huit mille mètres, tous les corps connus sont en fusion ; d'où il faut conclure que notre terre est un soleil enveloppé d'une écorce solide, dont l'épaisseur n'atteint pas douze lieues.

Il se peut que ce grand théorème géologique doive être modifié par certaines autres lois ignorées ou peu connues, telles que celles des fluides électriques ou magnétiques ; mais ces lois ne sauraient apporter de changements que dans les chiffres de l'échelle calorique, et non dans le principe de la chaleur croissante, principe consacré par mille observations concordantes. Quoi qu'il en soit, il deviendra d'une immense importance, pour l'humanité, de pousser des recherches dans l'intérieur de la terre au moyen de profonds sondages. Mais ces sortes de travaux, dans l'état actuel des choses, coûtent fort cher, parce qu'ils exigent une grande dépense de force ; or, si nous arrivons à nous procurer des forces gratuites, qui empêchera d'entreprendre de profondes trouées dans l'enveloppe terrestre? Ajoutez que les moyens d'exécution se perfectionneront : on apprendra à consolider les puits à travers les nappes d'eau souterraine et les sables mouvants ; ou plutôt on apprendra, par des connaissances plus exactes en géologie, à éviter ces obstacles. Je me suis toujours figuré que les plus grandes difficultés du sondage se rencontrent près de la surface de la terre, de même que les plus grands périls de la navigation se trouvent près des côtes, et qu'arrivées à une certaine profondeur, lorsqu'il nous sera donné, pour ainsi dire, de voyager en pleine terre, les explorations deviendront aisées et sûres. Dieu sait alors quelles découvertes sont réservées au génie aventureux de l'homme. Ce que nous pouvons prévoir dès à présent, c'est qu'il nous sera possible d'aller ouvrir le passage à des eaux souterraines qui jailliront bouillantes à la surface, et viendront en aide à nos diverses industries. Je pressens aussi une grande conquête dont nous pouvons déjà nous former une idée. Aujourd'hui, quelques unes de nos habitations ont des calorifères qui, construits dans les caves, portent, à grands frais, la chaleur ascendante dans toutes les parties de la maison. Pourquoi ne parviendrait-on pas à creuser au-dessous de nos villes de vastes calorifères gratuits, d'où s'élèveraient, au moyen de larges puits, des fleuves de chaleur qui, par des conduits, qu'on pourrait ouvrir ou fermer à volonté, se répandraient dans la demeure de chaque habitant? Il n'y aurait plus d'hiver. N'avons-nous pas déjà, sous le pavé de nos rues, des ruisseaux de lumière qui ont aboli la nuit?

APPLICATION DE L'AIR COMPRIMÉ AUX VOIES PNEUMATIQUES.

Nous voici en pays inconnu ; il est rare qu'une industrie nouvelle ne mène pas à de nouvelles industries : la découverte de la vapeur a conduit à la construction des chemins de fer ; les chemins de fer, à leur tour, desservis par nos forces gratuites, vont rendre possible et très profitable l'établissement des voies pneumatiques. Nous entendons par là des conduits souterrains, hermétiquement fermés, dans lesquelles on enverra, d'une ville à une autre, avec une extrême rapidité, les lettres contenues dans des cylindres (1).

On s'est déjà beaucoup préoccupé de cette idée chez plusieurs nations, en Angleterre surtout, pays aux conceptions hardies, aux entreprises gigan-

(1) Voir une lettre que j'ai publiée à ce sujet dans le *Constitutionnel*, le 17 janvier 1836.

tesques. Une société s'y était formée, qui se proposait d'appliquer les voies pneumatiques à la traction des wagons ; un prospèctus, orné de fort belles gravures, indiquait comment devait s'opérer ce prodigieux travail. Je ne suis pas de ceux qui ne croient qu'aux choses mises en pratique, mais j'avoue que, dans cette circonstance, le génie britannique m'a paru avoir dépassé toutes les bornes du possible (1). Quoi qu'il en soit, des expériences qui ont eu lieu sous nos yeux nous ont convaincus que les voies pneumatiques sont très praticables, appliquées au transport d'objets légers, comme le sont les lettres ; il demeure seulement douteux que, sous le rapport financier, une entreprise de cette nature pût, dans l'état ordinaire des choses, présenter des chances de succès. On conçoit, en effet, que l'établissement et l'exploitation d'une ligne entraîneraient à des dépenses considérables ; calculez : il faudrait acheter de longues bandes de terrains, les niveler en beaucoup d'endroits, les clôturer partout ; il faudrait construire des ponts ; il faudrait avoir, à certaines distances, des stations où fonctionneraient, à grands frais, des machines, pour opérer la pression ou la raréfaction de l'air,

---

(1) Nous apprenons qu'une société expérimente maintenant, à Londres, ce système des voies pneumatiques.

et entretenir à ces stations des hommes de service. Le prix ordinaire du port des lettres suffirait-il pour couvrir ces dépenses ? Je ne dis pas non, mais cela n'est pas évident.

Telle a dû se présenter la question à ceux qui s'en sont occupés jusqu'à ce jour. Eh bien, tournez les yeux sur nos chemins de fer, desservis, comme nous l'avons indiqué, par des forces gratuites, et vous allez voir à quoi se réduiront les frais d'établissement et d'exploitation des voies pneumatiques. D'abord, nos terrains sont tout achetés, tout nivelés, tout clôturés ; nos ponts sont faits. On placera la ligne de tuyaux entre les deux rails, à quelques pouces au-dessous de terre : ils seront là en parfaite sûreté ; nous avons, de distance en distance, des réservoirs tout établis, qui fourniront gratuitement la force nécessaire à la compression de l'air (1) ; les employés du chemin de fer seront chargés du service nouveau. Ainsi, les voies pneumatiques ne coûteront rien, sinon le prix d'acquisition et les frais de pose des tuyaux. Or, des tuyaux de deux pouces de diamètre, en zinc inoxidable, ne coûteront pas plus de trois ou quatre francs le mètre, disons cinq francs avec la pose ; ce sera vingt mille francs par lieue. Ajoutez

(1) L'air raréfié vaudra mieux que l'air comprimé.

donc vingt mille francs par lieue à vos devis de chemin de fer, et, par le seul transport des lettres, vous en doublerez le produit. Je le dis avec une entière conviction, si l'avenir des chemins de fer pouvait être compromis, même dans l'état où ils sont, les voies pneumatiques suffiraient pour les sauver. Il est entendu que, dans cet ordre d'idées, j'admets que le gouvernement renoncera à son injuste prétention de mettre, à la charge des compagnies concessionnaires, le transport gratuit des lettres.

Dans un traité spécial, j'exposerai la théorie des voies pneumatiques ; je dirai les précautions à prendre pour ménager, à chaque station, l'arrivée et le départ des cylindres dépositaires des lettres, et pour régler les distributions intermédiaires sans ralentir la marche des envois lointains. Je proposerai les mesures que je crois les plus propres à empêcher que les tubes voyageurs ne contractent, en glissant dans les tuyaux, une trop vive chaleur ; enfin, j'entrerai dans tous les détails de l'organisation de ce nouveau service.

Voici ce qui résultera de l'établissement des voies pneumatiques : les lettres parcourront soixante lieues à l'heure ; on pourra écrire de Paris à Marseille, et recevoir la réponse dans la même journée !

APPLICATION DE L'AIR COMPRIMÉ A L'ACOUSTIQUE.

—

Les orgues et tous les instruments à vent sont des machines à air comprimé ; mais les plus puissantes de ces machines ne fonctionnent que sous de très basses pressions qui s'élèvent rarement à un quart d'atmosphère. Et cependant, avec ces faibles insufflations, ne produisons-nous pas déjà de grands effets : le bruit retentissant du cor de chasse, le cri strident de la trompette, la parole lointaine du porte-voix, et les sons amples et majestueux de l'orgue? Que sera-ce donc lorsque nos récipients, avec leur poitrine de fer, soufflant quarante atmosphères, feront vibrer de fortes lames d'acier ou de longues cordes métalliques, surtout si l'on combine la puissance de la percussion avec celle de la vibration soutenue. Certes, une des plus grandes surprises réservées à l'avenir sera d'entendre le premier de ces concerts colosses qui domineront les cités, et dont nous pouvons nous former une idée par les roulements sublimes du tonnerre. Mais s'il n'est pas donné à notre génération d'assister à ces grands spectacles de la science future, ne pouvons-nous pas, dès aujourd'hui, tirer de l'air comprimé, comme agent d'acoustique, des services moins brillants mais plus réels? Je voudrais que les bateaux à vapeur qui sillonnent nos fleuves et qui traversent l'Océan, pour éviter entr'eux les rencontres funestes, fussent armés de longs porte-voix à air comprimé, qui les signaleraient à plusieurs lieues de distance; j'indique cette application entre mille. Or, ces appareils ne seraient ni chers, ni encombrants, ni difficiles à manœuvrer.

APPLICATION DE L'AIR COMPRIMÉ A LA NAVIGATION AÉRIENNE.

De tout temps les hommes ont aspiré à voyager par les airs : l'aventure d'Icare est beaucoup moins fabuleuse qu'on ne pense. Horace se plaint, quelque part, des audacieux qui veulent se servir d'ailes que la nature a refusées à l'homme ; chaque siècle a fait son effort sur ce point, et toujours inutilement, sans en excepter, peut-être, le dernier siècle, qui a vu naître Montgolfier. Je le dis hardiment : jamais le problème ne sera résolu par les ballons, du moins tant qu'on les laissera en liberté ; ces machines aérostatiques, abandonnées à elles-mêmes, sont, de leur nature, ingouvernables ; parce que la force de suspension qui leur est nécessaire exige qu'elles aient un volume énorme, et que la vaste surface qu'elles présentent les rend absolument incapables de lutter contre les moindres courants

d'air (1). Il faudrait pour qu'une machine se diri-
geât dans l'air, qu'elle n'obéît, comme le corps des
oiseaux, qu'à une seule force qui la soulève et l'entraîne à la fois. Mais il faudrait aussi, notez-le bien,
que cette force fût de beaucoup supérieure au poids
total de la machine.

Il y a douze cents ans, on était peut-être plus
près de la question qu'aujourd'hui. Boëce a construit un pigeon volant, qui comportait les conditions essentielles dont nous venons de parler : un
ressort placé dans l'intérieur de la petite mécanique, imprimant aux deux ailes un mouvement rapide, suffisait pour la soulever et la transporter à
quelques pas. C'était autant que possible se rap-
procher de l'exemple général donné par la nature ;
mais remarquez que tous les volatiles portent, dans
leurs muscles pectoraux, une force vitale qui, par
un phénomène non encore expliqué, se reproduit
au moment où elle s'épuise. Le pigeon de Boëce,
dont le poids principal résidait dans la pesanteur
du ressort moteur, ne pouvait voler qu'un instant ;

(1) On a prétendu qu'à certaines hauteurs il règne des vents
constants qui soufflent dans divers sens. Si ce fait, très douteux, se confirmait, la direction des Montgolfières libres serait
possible, parce qu'il suffirait alors d'avoir le moyen de les
faire monter et descendre à volonté, sans jeter de lest et sans
perdre de gaz, ce qui est très facile.

le résultat n'aurait pas été meilleur, quand même
la machine eût été construite sur de plus grandes
dimensions; car la force d'un ressort est toujours
en rapport avec son poids. Il est ici très important
de remarquer que le problème aurait été résolu
si le philosophe mécanicien avait fait usage d'un
ressort qui fût sans pesanteur et qui pût produire
une force illimitée; car il aurait pu distribuer
l'action de cette force de manière à fournir un long
travail.

Eh bien! ce ressort sans pesanteur, et d'une puissance sans limites, nous le possédons dans l'air
comprimé.

Reprenons donc les choses où le vi^e siècle les
a laissées; substituons au ressort de métal de Boëce,
la force expansive de l'air refoulé dans un léger
récipient; alors l'action qui n'était que momenta-
née, va devenir durable; alors nous enlèverons
facilement dans les airs nos machines, qui, plus
grandes, nous emporteront avec elles, et se dirige-
ront où nous voudrons, à de longues distances.

Nous avons dit qu'un de nos récipients chargé à
soixante atmosphères, produirait cinq mille coups
de piston; ce sera donc, si nous l'appliquons à une
machine volante, cinq mille coups d'ailes. Notez
que les ailes, ou rames à air, dont nous parlerons

plus loin, seront disposées par couples de manière à agir alternativement ; les unes monteront pendant que les autres descendront, afin que le mouvement soit régulier et qu'aucune partie de la force ne soit perdue. Au moyen d'une légère inclinaison des rames, elles produiront, à la fois, l'enlèvement et l'entraînement ; notez aussi que la charge à enlever ne consistera, du moins pendant nos premières expériences, que dans le poids du récipient et de quelques légers accessoires. Or, dans l'état ordinaire de l'atmosphère, chaque battement d'ailes imprimera à la machine un mouvement qui la portera à, au moins, dix mètres en avant ; ce sera donc cinquante mille mètres, ou douze lieues et demie de parcourues, avant l'épuisement du récipient. Mettons les choses à moitié, pour argumenter plus sûrement, il s'ensuivra que, de six lieues en six lieues, il faudra renouveler l'approvisionnement du récipient, ce qui s'opèrera comme il a été déjà indiqué ; mais je ne doute nullement qu'on ne parvienne encore à s'affranchir de cette nécessité des stations. On trouvera le moyen de remplir de nouveau, presque instantanément, les récipients épuisés, soit par le développement subit de gaz concentrés, soit par l'inflammation de matières fulminantes, soit par tout autre procédé ; alors on pourra parcourir, sans s'arrêter, des trajets de plusieurs centaines de lieues.

J'ai été conduit, par mes expériences, à reconnaître que, pour construire de bonnes rames à air, il faut s'appliquer à imiter plutôt les ailes des insectes que celles des oiseaux. Au reste, la nature, qui semble avoir prévu les nécessités futures de l'industrie humaine, a pourvu à tout ; il est telles substances, fortes et légères, qu'on dirait qu'elle a créées exprès pour en composer des ailes factices. Je les indiquerai.

J'ai parlé plus haut de l'inclinaison des rames pour opérer l'entraînement ; ceci est de la plus haute importance, et j'y reviens. Lorsqu'on voudra seulement soulever la machine, il faudra tenir les rames horizontales, alors l'ascension aura lieu perpendiculairement (on suppose un temps calme) ; si on incline légèrement les rames en avant, une partie de la force de soulèvement se changera en force de répulsion, et la machine marchera d'autant. Plus cette inclinaison sera forte, sans dépasser, toutefois, une limite qui sera calculée, plus la marche sera rapide. A l'arrière de la machine, j'attache une longue et large rame sans valves, qui remplira un double office ; placée verticalement, elle imprimera, comme le gouvernail d'un navire, le

mouvement de droite ou de gauche ; placée horizontalement, elle fera, comme la queue des oiseaux
en s'abaissant ou se relevant, descendre ou monter
la machine ; que si sa position participe de l'horizontale et de la verticale, la machine décrira dans
les airs toute espèce de courbes obliques. Il faudra
étudier soigneusement, puis établir un système de
manœuvre. J'engagerai pour cela ceux qui s'occuperont de cette matière, à bien observer le vol des
oiseaux ; le plus sûr sera d'imiter leurs mouve-
ments ; car, en vérité, on ne fera jamais mieux que
la nature.

Mais je recommande ici expressément aux expérimentateurs, de ne pas brusquer leurs essais touchant la navigation aérienne au moyen de l'air ; il
faudra, préalablement, affermir le terrain par des
applications moins difficiles et dans l'ordre que
j'ai suivi. Vous ferez, d'abord, fonctionner des récipients à poste fixe sans vous inquiéter de leur pesanteur ; puis, vous les appliquerez à la locomotion
sur les chemins de fer ; lorsque vous aurez obtenu
des récipients plus légers et non moins forts, vous
leur confierez la traction des voitures sur les routes
ordinaires ; les autres expériences viendront en-
suite, et, finalement, quand vous serez parvenus à
construire des vases qui réuniront la légèreté à

la force, tentez hardiment la conquête des voies aériennes (1).

(1) Il y a trois ans que ceci est écrit ; les expériences que j'ai faites depuis cette époque, sur l'air comprimé, ont modifié mes idées sur la question de la navigation aérienne. — Ce problème immense sera inévitablement résolu, mais d'abord par d'autres voies que celles que je viens d'indiquer. — Il en faudra revenir, pour commencer, aux Montgolfières qui d'ailleurs ne constituent que la moitié du fait à la réalisation duquel tant d'esprits travaillent.

RÉSUMÉ.

—

Arrêtons-nous ici et jetons un coup d'œil en arrière. Cette théorie de l'air comprimé, dont nous venons d'exposer, à grands traits, les principales applications, repose-t-elle sur des bases solides ? Ne serions-nous pas sous l'empire d'une brillante illusion ? Vingt fois je me suis fait cette demande, effrayé moi-même des immenses résultats qui, par un enchaînement invincible, venaient se dérouler à mes yeux. Examinons, cependant, de nouveau, et voyons où pourrait faillir notre système.

L'air est-il compressible ? mille faits le prouvent. L'air comprimé jouit-il d'une force expansive ? assurément : un fusil à vent peut, sans être rechargé, lancer, l'une après l'autre, dix balles qui percent une planche à trente pas. L'air peut-il se comprimer à un degré élevé ? Un physicien est parvenu, il y a quelques années, à comprimer l'air, dans un canon de fusil, jusqu'à cent quatorze atmosphères sans que le fusil éclatât. Voilà des faits acquis ; poursuivons.

Un vase étant rempli d'air foulé à un degré très élevé, peut-on faire que cet air passe dans un autre vase sous une pression beaucoup moindre et constante ? oui encore. Des expériences, faites récemment à Paris, sur le gaz comprimé, répondent affirmativement ; tout le monde a pu voir des récipients chargés de gaz pressé à trente atmosphères, émettre ce fluide sous une pression constante d'une ou deux atmosphères, tout au plus, afin de produire une lumière égale. Les tribunaux mêmes ont eu à prononcer entre deux prétendants qui se disputaient l'invention du mécanisme au moyen duquel s'opère cette émission constante. Or, ce mécanisme (qui peut encore être amélioré) s'appliquera aussi bien au transvasement régulier de l'air qu'à l'égale émission du gaz.

Enfin, peut-on se servir de l'air comprimé comme force motrice ? Pourquoi pas, aussi bien que de la vapeur ? L'analogie est parfaite entre la force expansive de ces deux fluides ; les mêmes machines qui servent au travail de la vapeur captive, serviront à régler la force de l'air emprisonné. Nous rappelons seulement que si la vapeur d'eau a l'avantage de se reproduire par l'action périlleuse du feu ; l'air, par compensation, peut se comprimer, à froid, à un degré infiniment plus élevé, et sans offrir des chances si nombreuses d'explosion.

Quant à la compression *gratuite* de l'air, cela ne fait pas difficulté; on conçoit parfaitement des pompes foulantes mises en jeu au moyen de machines mues par les eaux libres des fleuves ou par les vents, n'insistons donc pas sur ce point. Nous ne parlerons pas non plus du transvasement de l'air comprimé d'un récipient dans un autre, ni de la faculté de transporter ces récipients dépositaires de la force; cela est évident.

Reste à poser cette dernière question : l'air comprimé peut-il se conserver dans les vases qui le recèlent? Assurément, si les récipients sont bien faits : un fusil à vent peut garder sa force, sans qu'elle s'altère, pendant plusieurs mois. J'ai un récipient de cent litres de capacité, rempli de gaz comprimé, plus subtile que l'air, et n'ayant presque rien perdu de sa charge depuis près d'un an (1). La conservation de l'air comprimé est donc encore un fait acquis; elle obligera seulement à apporter les plus grands soins dans la fabrication des vases hermétiques; c'est l'affaire de l'artisan.

(1) J'ai encore ce récipient; il contient toujours du gaz comprimé qu'il garde depuis quatre ans.

Résumons : l'air comprimé, ou, en d'autres termes, la *force* peut se recueillir gratuitement, se transvaser, se transporter et se conserver, pour être, en temps utile et lieux convenables, employée comme moteur à tous les besoins de l'industrie.

Voilà le principe ; viennent maintenant les expériences pour lui donner autorité, et l'association pour le mettre en pratique.

PARTIE EXPÉRIMENTALE.

(1840-1841.)

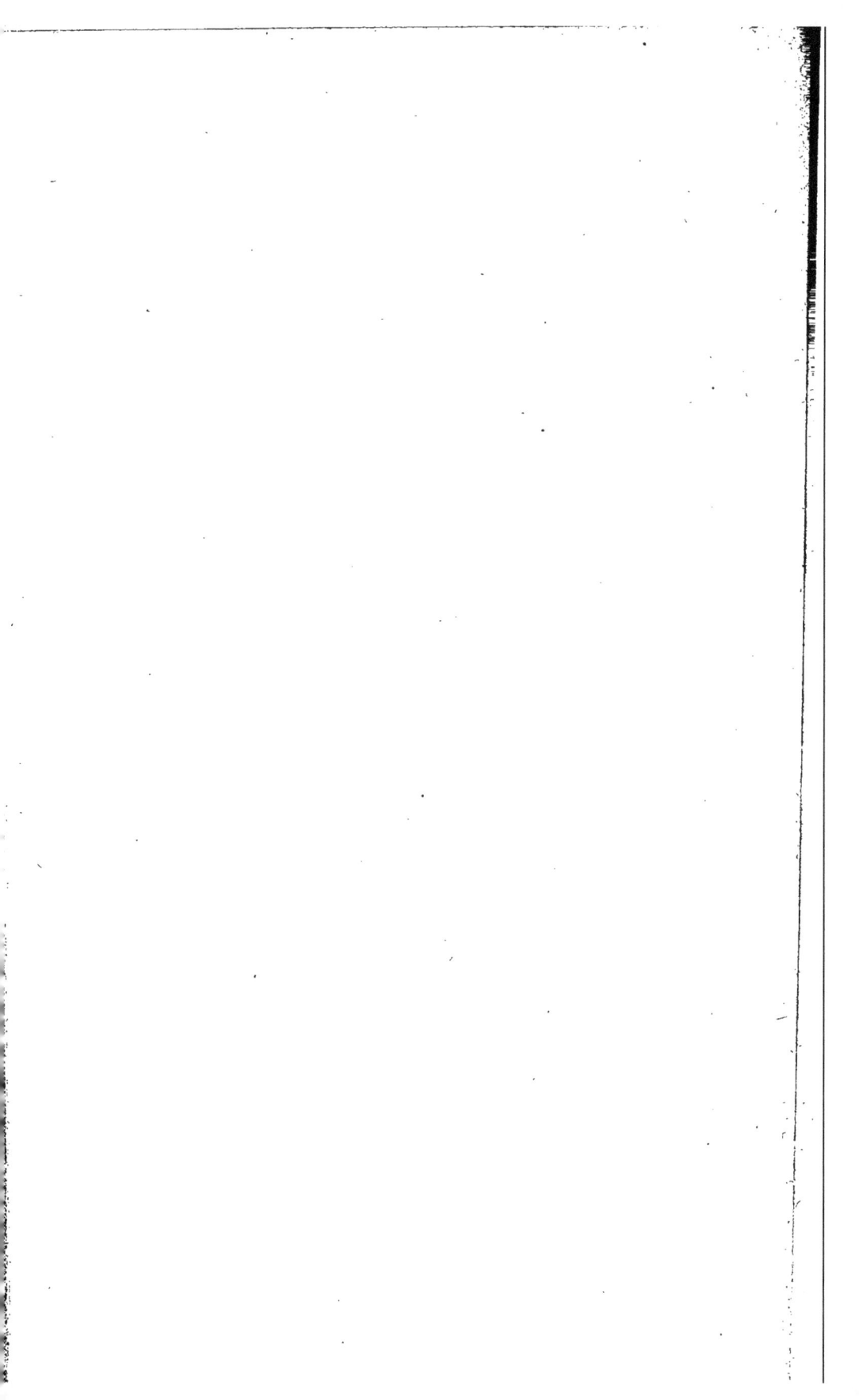

ÉTAT DE LA QUESTION.

—

Lorsque, après plusieurs années de méditations et de recherches toutes spéculatives, j'écrivais dans l'isolement les pages qu'on vient de lire, je croyais être le premier qui eût pensé à employer la puissance de l'air comme force motrice et à la substituer à la vapeur, je me trompais : à peine l'Académie des sciences eut-elle fait mention, dans une de ses séances (mars 1839), du nouveau système dynamique que je proposais, qu'une foule de voix s'élevèrent qui protestèrent et réclamèrent le droit de priorité ; il en vint de tous les points de l'horizon : un savant professeur, très connu, remplit incontinent tous les journaux de calculs d'où il résultait qu'une voiture, chargée d'air comme il l'entend, aurait été lancée, d'un seul jet, de Paris à Orléans ; et il ajoutait qu'ayant eu cette idée-là l'an passé, il s'en était assuré la propriété par un brevet ; là-dessus un

autre savant écrit au *Constitutionnel* pour se plain-
dre d'un tel accaparement de l'atmosphère ; il offre
de prouver qu'il a devancé, de six mois, le professeur en question. En même temps, l'Académie reçoit, d'un troisième, un paquet cacheté, avec prière
de ne l'ouvrir qu'à une époque déterminée, attendu
que ce paquet mystérieux contient la solution com-
plète du problème. J'ai reçu moi-même beaucoup
de communications dans le même sens : celui-ci
me propose de remplir, continuellement et sans
frais, mes récipients à quinze atmosphères ; cet autre m'offre d'accumuler perpétuellement des forces
dans des caissons, ce qui permettra aux vaisseaux
d'entreprendre des voyages de longs cours, sans
eau ni charbon. L'un veut comprimer l'air par l'é-
lectricité ; l'autre y veut parvenir par l'action même
de l'air. Je pourrais assurément citer les noms de
plus de vingt inventeurs de l'air comprimé ; je
m'en abstiendrai pourtant, heureux d'avoir été,
sans m'en douter, l'interprète de leurs pensées in-
times, l'écho de leurs méditations secrètes ; je laisse
au temps, et à leurs œuvres futures, le soin de les
faire connaître.

Il est cependant deux hommes auxquels il est
juste d'accorder ici une mention toute spéciale : ce
sont deux honorables artisans qui, sans prétention
à la science, ont essayé, instinctivement, d'employer

le nouveau moteur. M. Allard, mécanicien de Guise, en Picardie, et M. Roussel, horloger à Versailles, ont construit, chacun de son côté, une machine à air comprimé : j'ai entre les mains des pièces authentiques, constatant qu'en 1836, M. Allard a fait fonctionner, en présence de ses concitoyens, une machine fixe, mise en mouvement au moyen de l'air continuellement refoulé à la main par une pompe. Quant à M. Roussel, plusieurs personnes m'ont assuré avoir vu, il y a cinq ou six ans, un petit chariot de son invention ; quelques minutes suffisaient pour emplir d'air un petit récipient au moyen d'une petite pompe ; et le petit char tournoyait sur une table ou sur un parquet tant que durait l'émission de l'air. On dit que tout récemment un régulateur a été ajouté à cette jolie mécanique, qui semble avoir été la copie fidèle d'une petite machine à vapeur.

On a pu voir, à la dernière exposition de l'industrie, le modèle d'une toute petite machine à vapeur, à cylindre oscillant ; elle était mise en jeu par l'air comprimé. J'ignore de qui elle est.

Au reste, il faut reconnaître qu'il n'y a pas là invention, mais simplement application plus ou moins imparfaite d'un principe très connu. Depuis les temps les plus reculés, la pression de l'air joue un rôle considérable dans l'industrie humaine ; le

fusil à vent, les orgues, l'éolypile d'Héron, la voile
même du navire, sont autant de machines à air
comprimé. J'insiste donc sur ce point, que la force
élastique du fluide où nous respirons la vie est du
domaine public; cette force appartient à tout le
monde, et nul ne peut, sans ridicule, prétendre
l'avoir inventée et y fonder l'espoir d'un privilège.
S'il y a droit'exclusif, ce ne peut être qu'en faveur
de quiconque aura trouvé des organes mécaniques
nouveaux, propres à rendre le ressort de l'air applicable aux besoins de l'industrie. Or, il y a là
ample matière à inventions : pompes, dilateurs,
récipients, manomètres, robinets, tubes, pistons,
soupapes, etc., tout est à refaire ou à modifier ; et,
sur ce point, nous appelons très sincèrement à
notre aide le concours des esprits investigateurs.

Mais si l'air comprimé, pris dans un sens absolu,
n'est point une invention, en quoi donc consiste le
système dynamique exposé dans le précédent mémoire? Où est son mérite, sa distinction? Le voici :
il consiste dans une vue générale toute nouvelle,
et une série de combinaisons nouvelles propres à
en amener la réalisation. Je veux transformer, gra-
uitement (1), toutes les forces perdues de la nature,

(1) J'entends par travail gratuit, celui qui n'entraîne pas
destruction de matières.

notamment celle des vents et des eaux courantes,
en une force unique, dite air comprimé, laquelle
pourra être conservée, transportée et dépensée
en temps et lieux convenables. Ma pensée a été de
créer, pour les besoins de l'industrie, un signe représentatif de toutes les forces, l'*air comprimé* ;
comme on a créé autrefois, pour les nécessités du
commerce, un signe représentatif de toutes les va-
leurs, l'*argent*. J'ai montré tous les avantages qui
pourraient résulter de cette transformation des
forces ; j'ai dit que, non content d'avoir exposé la
théorie de cette nouvelle doctrine industrielle, je
m'appliquerais à la mettre en pratique. C'est ce que
j'ai commencé à faire avec le concours d'un homme
qui m'avait déjà précédé dans la voie des expériences : M. Tessié du Motay avait fait, à Cholet,
sur la pression et la dilatation de l'air, des essais fort
curieux et très concluants ; plein de foi dans l'avenir de l'air comprimé, il vint me proposer de travailler, en commun, à la réalisation d'une théorie
qui se présentait à son esprit comme au mien avec
tous les caractères de la vérité. Depuis deux ans nos
expériences ont commencé dans l'ancienne fonderie de la pompe à feu de Chaillot, et sont poursui-
vies avec la plus grande assiduité. Nous venons
aujourd'hui exposer le résultat de ces expériences
soigneusement consignées sur un registre spécial ;

elles n'ont fait qu'accroître notre conviction, malgré quelques légers mécomptes, et certaines difficultés de détail qui accompagnent toujours les entreprises de cette nature.

COMPRESSION.

Privés, quant à présent, de machines hydrauliques ou éoliques qui, comme nous l'avons dit,
sont appelées à opérer gratuitement les compressions, nous avons employé provisoirement, pour ce
travail, une machine à vapeur de la force de six
chevaux. Cette machine mettait en jeu une pompe
foulante d'une grande puissance, mais de construction fort vicieuse, comme on le verra plus loin ;
l'air passait de la pompe dans le récipient au moyen
d'un fort tube en cuivre auquel se trouvait adapté
un manomètre ; par prudence, le récipient était
placé derrière un mur fort épais.

Plusieurs espèces de vases ont été essayées. Tous
les récipients en cuivre ayant cédé aux moyennes
pressions, nous les avons complètement répudiés.

Voici une expérience curieuse : un récipient de
six litres de capacité, en toile de coton doublée de

caoutchouc et six fois repliée sur elle-même, a supporté, sans rompre, un effort de quatorze atmosphères ; il présentait, sous cette pression, la dureté d'une barre de fer, mais l'air s'échappant par les tissus, le jeu des pompes devenait nul ; nous l'avons aussi abandonné, parce que notre but actuel est d'obtenir de hautes pressions ; mais nous pensons que les récipients en toile imperméable seront fort utiles dans tous les cas où l'on n'aura besoin que de dix atmosphères au plus. (Procès-verbal du 2 août 1839).

D'autres récipients en fer laminé ont été successivement éprouvés ; comme nous l'avions prévu, ils ont complètement réussi : quoique fort minces (un millimètre et demi d'épaisseur) et d'une certaine capacité (100 litres), ils ont résisté à des pressions qui dépassaient communément quarante atmosphères ; leur forme était celle d'un cylindre terminé par deux hémisphères saillants (1).

A l'exception de quelques expériences où nous avons poussé la pression jusqu'à faire déchirer le vase (ce qui a toujours lieu sans explosion), nous nous sommes maintenus dans les pressions de trente atmosphères ; d'abord, parce que les réci-

(1) M. Huet, mécanicien, propose de faire les hémisphères rentrants.

pients expérimentés, étant seulement cloués et bra-
sés au cuivre, n'offraient pas les conditions de solidité que nous nous proposons de leur donner plus
tard ; et, en second lieu, parce que les pompes
mises à notre disposition présentaient, à l'égard des
soupapes, un vice de construction si considérable
que, pour produire, par exemple, quarante atmosphères, elles étaient obligées de subir, en elles-
mêmes, un effort d'environ cent soixante atmosphères. Cet inconvénient, qui d'ailleurs nous a donné
la mesure des pressions qu'on pourra obtenir, nous
a naturellement empêché de les pousser plus loin.
Nous y parviendrons, comme on le verra, au
moyen d'une nouvelle forme de soupape, que nous
avons nommée soupape à piston, par laquelle l'action exercée dans la pompe ne dépasse pas la réaction exercée dans le récipient.

De nos expériences sur la pression, il résulte
manifestement qu'avec des vases qui ont moins
d'une ligne d'épaisseur, on peut aller jusqu'à quarante atmosphères. Que si vous doublez l'épaisseur
de la tôle des récipients, que vous les traversiez in-
térieurement dans leur longueur d'une forte tige
qui réunisse les deux calottes, et que vous consoli-
diez le tout à l'extérieur par des cercles sur champ,
vous pourrez, sans danger, pousser les compressions
jusqu'à soixante atmosphères.

Les explosions ne sont nullement à craindre. Afin de savoir à quoi nous en tenir sur ce point, nous avons comprimé de l'air dans un de nos vases, jusqu'à dépasser les limites d'un manomètre qui marquait soixante-quinze. Le vase a fini par céder, mais sans rupture, du moins apparente ; le métal s'est distendu, et l'air s'est échappé, avec un grand sifflement, par une fente imperceptible,

Ce fait est capital, et nous semble de nature à jeter un grand jour sur la question encore obscure des machines à vapeur : si l'on considère, d'une part, que nos vases chargés d'air résistent à des pressions de soixante atmosphères, bien que la tôle n'ait qu'un millimètre et demi d'épaisseur, et d'autre part, que les chaudières à vapeur, de huit à dix millimètres d'épaisseur, éclatent sous une pression de une ou deux atmosphères, il en faut nécessairement conclure que ces explosions ne doivent pas être attribuées, comme on l'a fait jusqu'à ce jour, à l'expansion normale de la vapeur. Mais au développement soudain de quelque force immense qui agit comme la foudre ; or, cette force inconnue est, selon nous, l'électricité ; il s'agit de l'empêcher de se produire. C'est un problème qui reste à résoudre.

On comprend donc que, sous le point de vue de la sécurité, les machines à air ont déjà sur les ma-

chines à vapeur un incontestable avantage. Reve-
nons à nos expériences.

Nous avons observé qu'au-delà de vingt-cinq ou
trente atmosphères les manomètres à mercure les
plus parfaits ne donnent plus que des indications
douteuses ; il sera nécessaire de perfectionner cet
instrument qui devra marquer fidèlement les pressions jusqu'à cent atmosphères ; nous avons appris
que plusieurs physiciens s'en occupent, notamment
le savant M. Péclet.

Au reste, nous avons pu rectifier les erreurs du
manomètre en pesant avec exactitude les récipients
avant et après le chargement. Le poids de chaque
mètre cube d'air étant de treize cents grammes, il
est toujours facile de se rendre, avec une bonne
balance, un compte fidèle de la pression de l'air
dans les vases.

Nous rapporterons ici un fait très singulier, dont
nous n'avons pu nous expliquer la cause. Un jour,
nous fîmes ouvrir le robinet d'un vase chargé à
très haute pression (plus de quarante atmosphères), l'air s'échappa par l'ouverture qui n'avait
pas plus d'un millimètre de diamètre, avec une
violence extrême; tout-à-coup l'écoulement cessa ;
puis, après quelques secondes, il recommença avec
un sifflement plus strident ; l'air s'étant de nouveau
arrêté, je plaçai ma main vis-à-vis l'ouverture, à

un mètre environ, aussitôt ma main fut frappée par une multitude de petits grêlons que j'eus le temps à peine de reconnaître à leur blancheur, car ils furent immédiatement vaporisés. M. Tessié fit la même expérience et éprouva le même effet. D'où provenaient ces grêlons ! Était-ce de l'air, de l'oxigène ou de l'azote consolidé? est-ce seulement la partie aqueuse introduite dans le vase avec l'air, qui était devenue grêle? Nous soumettons cette question à de plus habiles que nous.

RÉGULATEUR.

—

Après nous être assurés du terrain, en constatant qu'on peut obtenir et conserver de hautes pressions dans des vases hermétiquement fermés, nous avons procédé aux expériences concernant l'égale émission de la force au moyen d'un régulateur ; à cet effet, nous avons imaginé un appareil de construction fort simple, qui consiste en un vase placé entre le récipient et le corps de la pompe, et à travers lequel l'air passe en se régularisant. Une vanne, une pompe et un ressort composent le mécanisme de cet appareil tout en métal et susceptible de supporter lui-même les plus hautes pressions : il est facile de comprendre le jeu de ce nouvel organe mécanique où l'air agit, pour ainsi dire, par respiration, s'ouvrant lui-même la porte pour sortir, fort petite d'abord, puis de plus en plus grande à mesure qu'il se déprime. Au moyen du ressort,

7

plus ou moins bandé, l'air s'émet avec une force plus ou moins grande, mais toujours la même. Le premier régulateur, construit par nous, ayant éclaté parce qu'il était en cuivre, nous en avons construit plusieurs autres en tôle de fer doux, comme les récipients : ils ont parfaitement réussi. Notre régulateur est donc un nouvel agent acquis à la science mécanique ; également applicable à l'émission de toute espèce de fluide, il pourrait être fort utilement admis dans la construction des machines à vapeur.

PRODUCTION IMMÉDIATE DU MOUVEMENT RECTILIGNE DE VA-ET-VIENT.

Dans le cours de nos expériences, nous nous sommes proposé, non seulement de substituer à la vapeur d'eau la force d'un nouveau fluide, mais nous avons cherché, chemin faisant, à améliorer l'économie des machines locomotives dont certaines parties nous semblent encore très imparfaites.

Au reste, la nature du nouveau moteur nous permettait ces modifications; la plus importante que nous ayons réalisée, concerne le jeu des tiroirs des pompes : on sait que dans les machines à vapeur, l'ouverture et la fermeture de ces tiroirs s'opèrent au moyen d'un excentrique pris sur l'arbre de couche ou sur l'essieu. Ce travail, nous l'avons confié à la tige même du piston, au moyen d'un mécanisme fort simple. Il en résulte que nous produisons immédiatement le mouvement de va-et-vient sans l'intervention du mouvement circulaire. Ç'a été pour nous une surprise fort singulière, la première fois que nous avons vu marcher ainsi notre corps de pompe seul et par sa propre action. Nous en fîmes immédiatement l'application à une petite scie droite qui se trouva ainsi mise en mouvement comme avec la main d'un homme ; une pièce de bois fut sciée ainsi avec une grande régularité. (Expérience du 10 octobre 1839).

Il est évident que le mouvement immédiat de va-et-vient peut être également appliqué, sans intermédiaire et sans transformation, aux pompes à eau, aux rouleaux à broyer le chocolat, et en général à toutes les machines qui exigent un mouvement direct alternatif. On verra que nous avons fait un heureux emploi de ce mouvement immédiat direct, dans la voiture à air dont il sera parlé plus loin.

POMPES, SOUPAPES, PISTONS.

—

Les pompes dont nous nous sommes servis pour comprimer sont, comme nous l'avons dit, d'une puissance extraordinaire. Nous avons acquis la conviction qu'elles supportaient en elles-mêmes un effort d'au moins cent soixante atmosphères, bien qu'elles ne produisissent dans les récipients qu'une pression qui ne dépassait pas quarante. Ce fait doit être attribué à la forme conique des soupapes. L'air comprimé dans la pompe agit, pour soulever cette soupape, sur la petite surface qui n'est pas le quart de la surface opposée contre laquelle réagit l'air déjà pressé dans le récipient. Il est évident qu'il faut un effort quadruple sur une surface quelconque pour équilibrer la force qui agit sur une surface quatre fois plus étendue. Or, toutes les soupapes connues, métalliques ou non, présentent, dans un degré plus ou moins grand, l'imperfection que nous venons de signaler, et c'est à ce vice radical qu'il faut attribuer la faible puissance de la plupart des machines destinées à opérer la pression des fluides et des liquides.

Sur ce point encore, nous avons cherché à remédier à l'inconvénient dont nous avons été si vivement frappés. Au moyen d'une *soupape à pompe*, que nous avons fait exécuter pour la pression de l'air, le maximum de force exercée dans le cylindre de pression passera maintenant tout entier dans le récipient, ce qui n'a jamais eu lieu jusqu'à ce jour.

Nous pensons que c'est là une des améliorations qui contribueront le plus à hâter les progrès de la nouvelle science aérodynamique ; car, au moyen de cette soupape, et de quelques autres précautions dont nous allons parler, l'air rentre dans la catégorie des ressorts qui rendent fidèlement, par leur détente, la somme de force qui a été employée pour les bander.

Notre attention s'est aussi portée sur les pistons : ces pièces sont ordinairement garnies de chanvre ou de cuir, qui se détériorent vite et obligent à de fréquentes réparations ; perte de temps et perte d'argent. Nous avons, tout d'abord, supprimé le cuir et le chanvre ; nos nouveaux pistons sont purement métalliques ; ils comportent trois améliorations capitales. D'abord, plusieurs cercles de cuivre doués de flexibilité les enveloppent, et exercent sur les parois du cylindre une pression fort douce, suffisante néanmoins pour fermer tout passage au fluide; en second lieu, le piston se graisse par la tige, qui est creuse, et dans laquelle on injecte de l'huile au moyen d'un trou pratiqué à l'extérieur; enfin, nous avons changé les surfaces qui reçoivent l'action du fluide : d'ordinaire ces surfaces sont planes, circonstance qui permet à la vapeur ou à l'air de se porter vers la circonférence, et de tendre à forcer le seul passage par où il leur soit possible de s'échapper. Pour dérouter cette tendance, nous avons cherché à diriger les efforts du fluide vers le centre du piston; pour cela, nous avons rendu concaves les surfaces planes. Tous les pistons dont nous avons fait usage jusqu'à ce jour ont été construits comme nous venons de le dire ; ils ont pleinement réussi.

Au reste, en ce qui concerne les pistons destinés à opérer la compression de l'air, tout n'est pas fait ; voici le problème à résoudre : *trouver un piston dont le frottement contre les parois du cylindre soit proportionnel au degré de tension de l'air que l'on comprime.* Ce problème résolu, l'aérodynamie aura fait un grand pas.

DU MOUVEMENT RECTILIGNE DES PISTONS.

—

Une des plus ingénieuses inventions de Watt, est son parallélogramme au moyen duquel la tige du piston se meut à très peu près en ligne directe ; pour les machines fixes, il n'y a rien de mieux ; mais le parallélogramme ne saurait être employé dans les machines à pression de petites dimensions, dans celles, par exemple, que devrait faire mouvoir la main de l'homme. Pour ce cas, qui se présentera très fréquemment lorsque le système de la transformation des forces sera en vigueur, nous avons imaginé un agencement fort simple, dont l'idée nous a été suggérée par la pompe atmosphérique de Newcomen, dans laquelle la tige du piston est tirée de bas en haut par une chaîne qui s'enroule sur un quart de cercle. Il est évident que la traction est opérée ainsi avec une rectitude parfaite ; mais pour faire descendre le piston, cette chaîne n'est plus d'aucune utilité, ce qui d'ailleurs est sans inconvénient dans la machine dont il s'agit, car le piston y est ramené en bas par la puissance atmosphérique ; mais dans les machines à haute pression, il est nécessaire que le piston soit tiré et poussé alternativement d'une manière rigide. C'est pour obtenir cet effet que Watt a imaginé son parallélogramme. Nous avons pensé qu'on pourrait atteindre le même but, en doublant la chaîne de Newcomen de manière que l'une des chaînes tirât vers le haut et l'autre vers le bas. Ce système que nous avons appliqué à une pompe à compression mue par un homme, a parfaitement rempli son objet ; en très peu de temps et sans peine, nous obtenions des pressions de douze à quinze atmosphères. Les fonteniers pourront, ce nous semble, tirer profit de ce mode de direction qui leur permettra d'allonger leurs corps de pompe, et par conséquent de diminuer le diamètre des pistons, avantage immense que peuvent comprendre seuls les gens versés dans la science de l'hydraulique.

LE DILATEUR.

—

L'air a la double propriété de se comprimer et de se dilater ; il se comprime par le froid et par des moyens mécaniques ; il se dilate par la chaleur (1) : nous l'avons expérimenté dans les deux sens, et nous avons acquis la conviction que, dans beaucoup de circonstances, il y aurait un fort grand avantage à combiner ces deux facultés. A chaque degré de chaleur, le volume de l'air s'augmente de 0,00469. Les observations ont été faites depuis 28° jusqu'à 240° (Réaumur).

De cette indication fournie par la physique moderne touchant la dilatabilité de l'air, nous avons composé le tableau suivant :

à 213°	le volume de l'air *double*, et fait effort à *une* atmosphère				
426°	id.	*triple*	id.	*deux*	id.
639°	id.	*quadruple*	id.	*trois*	id.
[852°	id.	*quintuple*	id.	*quatre*	id.
1065°	id.	*sextuple*	id.	*cinq*	id.

(1) Il ne faut pas confondre la dilatation de l'air avec la raréfaction qui s'obtient au moyen des pompes aspirantes.

Cette progression serait exacte si, en effet, la loi d'accroissement du volume de l'air était constamment en rapport simple avec le nombre des degrés de chaleur auxquels il est soumis ; mais nous avons lieu de suspecter l'exactitude du chiffre qui a servi de base à nos calculs, et nous pensons que la dilatation de l'air s'accroît bien plus rapidement surtout dans les hautes températures ; ainsi, l'air qu'on chaufferait par exemple à 852° acquerrait certainement une force d'expansion supérieure à quatre atmosphères. Voici une expérience qui a été faite par M. Tessié du Motay, mon associé ; un fort canon de fusil, hermétiquement bouché aux deux extrémités, a été jeté dans un feu bien entretenu, mais incapable pourtant de fondre le cuivre, c'est-à-dire ne manifestant pas une chaleur de 800 degrés ; cependant, au bout d'une heure environ, le canon de fusil éclata avec une détonation violente. Or, ce résultat aurait-il pu être obtenu par une simple dilatation de trois et même de quatre atmosphères ? Cela n'est pas croyable. Pour faire éclater un tube de fer qui, à froid, aurait résisté à cent atmosphères au moins, et qui, dans le feu, n'a pas dû perdre plus des trois quarts ou des quatre cinquièmes de sa tenacité, il faut supposer une force expansive d'au moins vingt ou vingt-cinq atmosphères. Nous avons donc lieu de présumer que la dilatation de

l'air s'accroît dans une progression très rapide,
peut-être selon *le carré des chaleurs* ; car il est essentiel de remarquer que l'air comprimé absorbe,
comme la vapeur d'eau, une très grande quantité
de calorique latent, dont l'action expansive doit
s'ajouter à l'action de la chaleur destinée à opérer
la dilatation.

Quoi qu'il en soit, ce que nous venons de dire
suffira pour faire comprendre tout le parti que l'on
peut tirer de la dilatation de l'air combinée avec sa
compression, car ce sont deux forces qui se multi-
plient l'une par l'autre ; ainsi, à ne prendre pour
vrais que les chiffres du tableau qui précède, si
vous dilatez à 639° l'air pressé dans votre récipient
à trente atmosphères, vous aurez l'équivalent de la
même capacité à quatre-vingt-dix atmosphères.
Voilà certainement le minimum que l'on obtien-
drait ; mais où n'irait-on pas, si, comme nous en
avons la pensée, la dilatation suit le carré des chaleurs ? Votre air pressé à trente atmosphères et dilaté à 639°, ferait effort, dans le même vase, à deux
cent soixante-dix atmosphères. C'est en vue d'expérimenter cette loi nouvelle que nous avons fait
construire des appareils propres à opérer la dilatation de l'air comprimé, et que nous avons cherché à les employer dans la voiture à air dont nous
parlerons plus loin avec détails.

Ç'a été un problème assez difficile à résoudre, que l'application de cette loi de la multiplication des forces de dilatation et de compression de l'air : d'abord, il ne fallait pas songer à opérer cette dilatation dans le récipient même dépositaire de l'air comprimé, car ce récipient, qu'on doit supposer chargé autant que le permet sa force de résistance, aurait évidemment cédé sous une charge double ou triple; et d'ailleurs, en le soumettant à l'action d'un feu assez violent, on l'aurait placé dans la position critique où se trouvent les chaudières à vapeur, comme nous l'avons dit dans la première partie de cet ouvrage. Il a donc fallu produire la dilatation dans un vase à part; il a fallu aussi que ce vase ne fût pas trop grand pour ne pas embarrasser, condition essentielle à l'égard des locomotives; la forme de ce petit récipient, que nous avons nommé *dilateur*, a du être telle que l'air s'y chauffât en passant et s'y dilatât, en quelque sorte, instantanément; or, ceci est contraire à la nature de l'air qui est un très mauvais conducteur de la chaleur; avez-vous remarqué qu'en hiver, près d'un grand feu, dans une chambre froide, on brûle d'un côté et on gèle de l'autre; il faut long-temps pour que la chaleur pénètre de proche en proche toute une masse d'air; il a fallu une heure pour que le canon de fusil dont nous venons de parler éclatât. On verra que par notre dilateur, l'air, malgré sa nature rebelle, doit s'y chauffer avec une très grande rapidité.

Voici quel a été le résultat de notre première expérience à ce sujet : un récipient de cent litres, chargé à vingt-cinq atmosphères, a été vidé à froid, sans dilateur ; le cadran du fluomètre (instrument que nous avons imaginé pour mesurer l'écoulement des fluides) a indiqué deux mille deux cents tours de roue. Un autre récipient de même capacité, mais chargé seulement à quinze atmosphères, ayant été vidé à chaud, avec le dilateur, le fluomètre a marqué trois mille quatre cents tours ; c'est-à-dire que si le récipient avait été chargé à vingt-cinq atmosphères, il y aurait eu cinq mille six cent soixante-six tours de roue, au lieu de deux mille deux cents. Donc, dans ce cas, le fait de la dilatation a porté la puissance de l'air comprimé de un à deux et demi, et cependant l'air a passé par le dilateur avec une rapidité prodigieuse, car la capacité du tuyau dilateur est à peine le quart de celle du corps de pompe, lequel se vidait trois fois par seconde, c'est-à-dire que l'air se renouvelait dans le dilateur douze fois par seconde, ou, en d'autres termes, qu'il ne mettait qu'un douzième de seconde à se chauffer et à se dilater de un à deux et demi. (Voir le procès-verbal du 17 avril 1840.)

Le résultat de cette importante expérience laisse entrevoir un immense avenir aux machines à air ; nous voulons parler de la reproduction de la force par elle-même. Voici comme nous entendons que s'opèrera cette reproduction de la force ; un récipient de petite dimension (deux ou trois fois la capacité du corps de pompe) est rempli d'air pressé à dix atmosphères, par exemple; cet air, passant par le dilateur, triplera de volume, toujours à dix atmosphères; car la pression ne changera pas, alors il pourra agir dans une pompe assez grande pour faire marcher la machine et recomprimer de l'air nouveau.

Si les choses arrivent à se passer ainsi, on n'aura plus besoin de compression préalable, car les dix atmosphères de départ (dans un petit récipient) pourront s'obtenir, en peu de temps, à la main, pour les plus puissantes machines. Alors se trouvera résolu le problème le plus important dont ait jamais pu s'occuper l'industrie humaine : les voitures à air parcourront, sans s'arrêter, les chemins les plus étendus; les navires feront le tour du monde. La seule dépense nécessaire pour reproduire la force, consistera dans l'alimentation du petit foyer de chaleur destiné à opérer la dilatation. Or, la forme et la disposition de notre dilateur sont telles que, par exemple, la chaleur entretenue de six fortes lampes Carcel devra suffire pour faire marcher une locomotive de grandeur ordinaire.

Au reste, c'est vers le but que nous venons d'indiquer, que nous nous proposons de poursuivre le cours de nos expériences.

———

FOURNEAU SOLAIRE.

Quels que soient les avantages que présente le dilateur que nous venons de décrire, pour accroître la puissance de l'air comprimé, et peut-être la reproduire continuellement, nous avons dû néanmoins reconnaître que l'emploi de ce nouvel appareil, qui ne peut fonctionner qu'avec de la chaleur, est en quelque sorte contraire au grand principe que nous avons posé, lequel consiste à généraliser l'emploi des forces gratuites. Frappé de cette pensée, nous avons cherché s'il n'y aurait pas moyen de puiser dans la nature une chaleur qui ne coutât rien, pas plus que la force des eaux et des vents, dont nous allons nous servir tout-à-l'heure : notre vue s'est d'abord portée sur le soleil, vaste foyer qui chauffe l'univers. N'est-ce pas dans cette fournaise qu'Archimède prit gratuitement le feu avec lequel il incendia la flotte des Romains ?

8

Newton, dont les prévisions valent des expériences, a dit que trois fois la chaleur d'un soleil d'été ferait bouillir l'eau ; que l'étain fondrait à six soleils, le plomb à huit, le régule à douze ; ainsi de suite ; d'où il suit que la chaleur que nous enverraient vingt-quatre soleils à la fois, ferait rougir le fer. Et maintenant voici Buffon qui constate qu'un bon miroir réfléchit la moitié de la chaleur d'un soleil ; ne semble-t-il pas qu'il faille conclure de là, que deux miroirs réfléchiront la chaleur du soleil ; que six feront bouillir l'eau ; que douze fondront l'étain, seize le plomb, vingt-quatre le régule, etc., et qu'enfin quarante-huit miroirs, agissant ensemble, feront rougir le fer ? Il n'en est rien pourtant ; les expériences mêmes de Buffon prouvent qu'il a fallu plus de cent miroirs pour brûler une planche de sapin. Il serait cependant bien essentiel de savoir quel surcroît de chaleur apporte la réflexion de chaque miroir, à une température donnée ; mais telle n'était pas la pensée qui préoccupait notre naturaliste : ses expériences avaient seulement pour objet de constater la possibilité du fait attribué à Archimède ; il voulait brûler de loin, nous voulions chauffer de près. Afin de savoir à quoi nous en tenir sur ce point, nous avons fait construire un *fourneau solaire,* appareil composé d'un certain nombre de miroirs égaux et mobiles en tous sens. Voici le résultat d'une de nos expériences faite avec le plus grand soin. Le 19 de mai 1840, à quatre heures trente minutes de l'après-midi, le thermomètre marquant 17° à l'ombre, le fourneau solaire, armé de dix-neuf miroirs, a été dirigé sur la cuvette à mercure du thermomètre éloigné de deux mètres. En vingt minutes, le mercure est monté à 80° (Réaumur); cinq minutes après, il indiquait 90°. A ce moment, la planche du thermomètre commençant à brûler, l'expérience a été arrêtée.

Il résulte de là, que l'action combinée de dix-neufs miroirs a produit un surcroît de 73° de chaleur, c'est-à-dire environ 3° 1/2 par miroir. De sorte qu'un fourneau solaire, composé de cent miroirs, ajouterait 350° à la température de 17°, ce qui ferait 367°, chaleur suffisante pour maintenir le plomb en fusion, et permettre à un de nos dilateurs de fonctionner avec quelque utilité. (Procès-verbal du 19 mai 1840.)

Ainsi se trouverait réalisée la dilatation gratuite. Toutefois nous ne croyons pas qu'il faille compter beaucoup sur le calorique emprunté au soleil dans nos climats, où cet astre se montre si souvent avare de sa chaleur; mais, dans les régions méridionales, privées pour la plupart d'industrie faute de combustibles, nous croyons qu'il arrivera un temps où le fourneau solaire pourra rendre de très grands services, non seulement pour la production du mouvement par la dilatation gratuite de l'air, mais pour tous les autres besoins des hommes. Dans notre Algérie, par exemple, où il y a pénurie de bois et de charbon, et où le soleil se montre généreux jusqu'à l'offense, quel parti ne pourrait-on pas tirer de notre fourneau solaire? Vingt miroirs seulement, sous un soleil à 30°, donneraient des chaleurs de 160° à 170°; c'est plus qu'il n'en faudrait pour la préparation des aliments de toute une armée, de toute une nation.

Pour en revenir à la dilatation gratuite de l'air, nous nous proposons, s'il nous est donné de poursuivre nos travaux, d'expérimenter le feu produit par l'électricité.

DES COMPRESSIONS GRATUITES.

Les personnes qui examinent sans prétention la question de l'air comprimé ne doutent ni de l'efficacité ni des avantages que présente ce nouveau moteur, mais elles semblent craindre que les frais de compression ne soient trop considérables. Nul ne connaît mieux que nous la portée de cette objection, car nous avons la pensée qu'en se servant des agents mécaniques dont on a fait usage jusqu'à ce jour pour presser les fluides, et en employant à ce travail la force dispendieuse des hommes, des animaux, et même de la vapeur, il y aurait peut-être, sous le point de vue économique, quelque mécompte à redouter. C'est parce que nous avions cette conviction même avant de l'avoir acquise par l'expérience, que, d'une part, nous avons cherché à réformer les pièces mécaniques, notamment les pompes, les pistons et les soupapes, dont l'imperfection faisait perdre plus des trois quarts de la force première, et qu'en second lieu nous avons voulu que cette force première fût puisée gratuitement dans les deux grandes sources que la nature met toujours, et partout, si libéralement à notre disposition : les eaux et les vents.

Qu'il soit donc bien entendu que notre pensée n'est pas qu'on produise de l'air comprimé à tout prix ; nous voulons qu'au moyen de l'air comprimé, qui se peut conserver et transporter, on généralise l'emploi des forces naturelles dont l'industrie humaine a tiré, jusqu'à présent, de si faibles avantages. La cent millième partie des forces que déploient, dans leurs cours, les eaux du Mississipi suffirait

pour remorquer les nombreux navires qui sillonnent ce grand fleuve. La cent millième partie des
forces que manifestent les vents sur les falaises de
l'Océan suffirait à tous les besoins de la navigation
des mers du globe.

Ce grand principe posé, nous avons dû rechercher si les machines, mises jusqu'à ce jour en
mouvement par les vents et par les eaux, seraient
capables d'accomplir le nouveau travail que nous
leur destinons. Le moulin à vent, tel qu'il est généralement employé, nous a paru d'une puissance
fort bornée; il exige, d'ailleurs, la présence assidue
d'un ou de plusieurs hommes pour l'orienter, suivant la direction variable des vents : nous l'avons
changé. La roue à palettes, ou la roue pendante,
que le cours des rivières fait tourner, nous a sem-
blé encore plus faible et plus imparfaite : il faut la
hausser ou la baisser, suivant que les eaux s'élèvent ou descendent; la gelée l'arrête : nous l'avons
changée.

Pour remplacer ces deux grands agents mécaniques insuffisants, nous proposons deux moteurs
nouveaux, que nous avons nommés la *turbine éolique* pour les vents, la *roue fluviale* pour les eaux.
D'autres viendront après nous, qui trouveront
mieux.

TURBINE ÉOLIQUE.

—

La turbine éolique, dont nous allons parler, est une sorte de moulin à vent conçu dans un ordre d'idées tout nouveau ; on pourrait l'appeler aussi un moulin à air comprimé, car le vent n'est que de l'air en mouvement.

Tout le monde a remarqué que lorsque le vent s'engouffre dans une rue dont les coins sont coupés par des plans obliques, il y acquiert une violence extrême ; c'est qu'obligé de passer par un espace plus étroit, il se comprime ; à sa force de pulsion vient se joindre sa force d'expansion. On nous a raconté que les armuriers de Damas obtiennent la trempe de leurs fameuses lames d'une singulière façon : ils placent leur foyer dans quelque gorge où règne le vent du nord ; au-devant de leur forge, ils élèvent deux plans fort lisses, comme deux murailles, inclinés l'un à l'égard de l'autre de manière que leur ouverture se présente au vent, qui s'y précipite, s'y comprime, et s'échappe froid et violent par une longue fente laissée en arrière. Au sortir du feu, le fer rouge est plongé dans ce courant d'air glacé, qui le lance sur le sable, où il refroidit. On dit qu'un cavalier ayant voulu passer un jour derrière une de ces fentes soufflantes, fut violemment jeté à terre, lui et son cheval.

C'est sur ce principe de la compression du vent entre des plans inclinés et l'accroissement de sa force par cette compression, qu'a été construite notre turbine éolique. Une roue à six ailes courbes, tournant verticalement comme les moulins chinois, est entourée de huit plans fixes, debout, et tous inclinés dans le même sens, de telle sorte que le vent, de quelque côté qu'il souffle, se dirige toujours sur la face concave des ailes, et les oblige à tourner avec d'autant plus de puissance que les plans de compression sont plus étendus.

On voit que si les ailes ont 8 mètres de hauteur sur 2 de largeur, c'est-à-dire qu'elles présentent 16 mètres carrés de surface, et si le grand diamètre de la coupe horizontale de la turbine éolique a 18 mètres, chaque aile recevra l'effort de tout le vent, qui passe par une aire de 18 mètres sur 8, c'est-à-dire de 144 mètres carrés.

On voit aussi que l'inclinaison des plans de compression est telle, que la machine, quoique fixe, est toujours orientée, et, sous ce rapport, n'a besoin d'aucune surveillance (1).

Outre les compressions de l'air, la turbine éolique peut être très utilement employée à toutes sortes de travaux; et notamment à l'élévation des eaux sur les points culminants, et au desséchement des marais.

Enfin, le principe sur lequel repose la turbine éolique, c'est-à-dire la pression de l'air par le vent agissant des plans inclinés, nous semble pouvoir être utilisée directement pour charger des récipients à de basses pressions, sans faire emploi de pompes ni d'aucun autre agent mécanique. Nous notons ici cette idée pour mémoire.

(1) M. Piobert, de l'académie des sciences, nous a assurés qu'un moulin semblable à celui que nous venons de décrire existe en Pologne et qu'il fonctionne fort bien.

LA ROUE FLUVIALE.

—

Le principe de la roue fluviale repose sur la pression des eaux courantes, comme le principe de la turbine éolique repose sur la pression du vent (1). Figurez-vous une roue plongée entièrement dans l'eau et faisant face au courant ; elle est composée de huit à douze ailes toutes inclinées dans un même sens, légèrement concaves. Au-devant du centre de cette roue, vous voyez s'avancer un cône qui présente son sommet au fil de l'eau ; un autre cône, ou plutôt une autre partie conique, formant

(1) Nous n'entendons faire ici concurrence ni aux roues à augets, ni aux roues à cuves, ni aux turbines simples ou perfectionnées, parce que ces machines hydrauliques exigent pour fonctionner des chutes d'eau ; or, les chutes d'eau sont presque toujours des propriétés privées, elles sont d'ailleurs très chères et rares, et nous voulons des forces naturelles qui se trouvent partout et ne coûtent rien.

entonnoir, se place autour de la circonférence de la roue, de sorte que l'eau s'engouffrant entre cet entonnoir et le cône central, se jette avec violence sur les ailes obliques, et les force à tourner. Tout cela est monté sur un bâtis en bois ou en fonte, lequel est maintenu au fond de l'eau par son propre poids, par des crampons, par des pieux, ou par tout autre moyen. Une fois jetée ainsi au fond de l'eau et dans le vif du courant, la roue fluviale tourne continuellement ; cette roue, complètement submergée, ne craint ni les sécheresses, ni les hautes eaux, ni les glaces. Elle doit être protégée néanmoins par une sorte de treillage, placé en amont, pour arrêter les herbes ou corps flottants que le courant peut charrier.

Pour les rivières à lit changeant, comme la Loire, il faudra mettre les roues fluviales sur des bateaux d'une coupe particulière, dont nous donnerons le dessin, de manière à pouvoir se déplacer avec le courant.

Voici le résultat de nos premières expériences. Nous avons voulu, d'abord, connaître la force relative d'une roue fluviale comparée à une roue à palettes ordinaires ; à cet effet, nous avons construit le modèle de l'une et de l'autre dans des dimensions égales ; toutes les deux avaient 33 centimètres de diamètre, 27 millimètres de levier, et 16 ailes de même longueur et de même largeur (1). La roue à palette, placée dans un bon courant de la Seine (1^m,30 par seconde), les deux tiers du rayon étant immergés, a soulevé un poids de 650 grammes, (1 livre 1/4); la roue fluviale, plongée dans le même courant, a soulevé un poids de 15,000 grammes (30 livres), c'est-à-dire qu'elle a manifesté *vingt-trois fois* plus de force.

Étonnés d'un si grand résultat, nous avons voulu de suite savoir si cette nouvelle machine pourrait être employée à l'élévation des eaux. Une roue fluviale de 50 centimètres de diamètre, munie de son entonnoir et faisant mouvoir une pompe à eau, a été placée au-dessous du pont des Invalides, dans un courant assez vif de la Seine (1 mètre 50 centimètres par seconde); la pompe en communication avec un tuyau en toile attaché à un mât de 12 mètres (36 pieds), l'eau du courant s'est élevée jusqu'à cette hauteur, sans jaillir toutefois, parce que le tuyau de toile, étant neuf, laissait échapper beaucoup d'eau.

Une troisième roue fluviale de 60 centimètres de diamètre, placée dans le même courant, et adaptée à la même pompe, a fait jaillir l'eau à 13 mè-

(1) Il vaudra mieux ne mettre que dix ou huit ailes au lieu de 16.

tres de hauteur ; elle n'avait qu'un très faible entonnoir.

La même roue, placée dans le même courant ;
mais aidée de plans de renvoi, a fait jaillir l'eau à
15 mètres de hauteur.

Enfin, une roue de 1 mètre de diamètre, placée
aussi dans la Seine, à la prise d'eau de la pompe à
feu de Chaillot, a fait jaillir un pouce d'eau à 24
mètres de hauteur.

On sait que la force d'un courant s'accroît comme
le carré des vitesses, c'est-à-dire que si l'eau qui
fait 1 mètre par seconde produit un choc exprimé
par F, l'eau entraînée à 2 mètres par seconde, produirait un choc exprimé par 4 F, et celle qui ferait
3 mètres par seconde, produirait 9 F. Il suit de là
qu'une même roue fluviale, placée dans deux courants différents, produira des effets beaucoup plus
différents encore : ainsi, la roue de 2 mètres de
rayon qui, par exemple, enlèverait dans la Seine
2,160 kilogrammes, pourrait enlever un poids
quatre fois plus considérable, c'est-à-dire 8,640 kilogrammes, si elle fonctionnait dans le Rhône,
dont le courant est au moins deux fois plus fort.

Munie de deux entonnoirs, la roue fluviale fonc-
tionnera, avec de grandes forces, dans les courants
alternatifs des marées ; dans ce cas, les ailes seront
planes et inclinées à 45 degrés.

Les applications de la roue fluviale sont infinies : le principal travail que nous lui confierons sera, comme nous l'avons dit, de comprimer de l'air pour l'exploitation gratuite des chemins de fer, et principalement pour la navigation des fleuves. Mais que d'autres services n'est-elle pas appelée à rendre ? Le flux et le reflux des eaux de la mer va nettoyer les ports ; l'eau des fleuves, agissant sur elle-même, pourra être portée sur les collines arides et les féconder en les arrosant ; n'y a-t-il pas une multitude de villes en France et à l'étranger qui manquent d'eau, et qui pourtant sont baignées par des rivières rapides ? Dix roues fluviales bien placées dans Paris suffiraient pour donner à cette capitale l'eau qui lui fait faute, et cela à peu de frais, sans travaux d'art, sans interrompre le cours de la Seine, sans gêner la navigation.

Combinée, au moyen d'un agencement fort simple, avec l'air comprimé, dont l'action motrice peut se porter à plusieurs mille mètres de distance, la roue fluviale contribuera très puissamment à l'épuisement des mines inondées, ou au desséchement des lacs et marais voisins des rivières, quel que soit d'ailleurs le niveau des eaux stagnantes au-dessous des eaux courantes. Ainsi, la Camargue pourrait être tarie, sans frais journaliers, par le courant du Rhône ; ainsi, le lac de Harlem pourrait être mis et maintenu à sec, gratuitement, par les courants du Zuiderzée.

Nous nous proposons de revenir sur cet objet important dans un écrit spécial.

Et maintenant si la roue fluviale change de rôle, si on l'attache au-devant d'un navire, et qu'au lieu de recevoir le mouvement de l'eau, elle tourne par l'action de la vapeur, de l'air, ou de toute autre force, elle remplira l'emploi d'un puissant remorqueur : composée, dans ce cas, de quatre ou six ailes obliques et planes, elle opèrera, sous l'eau une sorte d'aspiration violente qui, par réaction, fera avancer le navire avec d'autant plus d'énergie que la rotation sera plus rapide.

La roue fluviale ainsi employée, permettrait de supprimer, dans les bâtiments à vapeur, les roues à aubes, dont tout le monde connaît les inconvénients.

Enfin cette roue, composée de quatre ailes légères, en taffetas et même en papier huilé, étant mise en mouvement dans l'air libre, produira une très grande force d'attraction ou de répulsion; sous ce point de vue, elle pourra rendre d'importants services, lorsqu'on sera en mesure de s'occuper de la locomotion aérienne.

LE CHAPELET A CÔNES.

Le chapelet à cônes est un autre moteur hy-draulique que nous avons imaginé pour venir en aide à la roue fluviale, ou pour la remplacer dans les circonstances où le manque de profondeur du courant ne permettrait pas de donner à cette roue un diamètre convenable. Ce moteur, comme l'indique le nom que nous lui avons donné, est composé d'un nombre illimité de cônes, tous attachés par une corde ou une chaîne sans fin, laqu'elle s'enroule autour d'une roue à fourchettes, ou, mieux, d'un tambour à gorge placé horizontalement dans le courant. Il est évident que le côté du chapelet où les cônes présentent leurs bases au fil de l'eau, emportera le côté où les cônes coupent le courant par leur partie aiguë, et que le tambour tournera. Nous avons fait l'essai d'un chapelet à cônes dans un endroit assez rapide de

la Seine, vis-à-vis la pompe à feu du Gros-Caillou.
La corde, sans fin, avait 30 mètres de longueur ;
les cônes, au nombre de trente, portaient 10 centimètres de base et 20 de hauteur ; construits en
bois, ils étaient un peu plus légers que l'eau dé-
placée, et flottaient à la surface, circonstance défavorable. Le rayon de la roue à fourchette avait 40
centimètres. Le poids, enlevé à la circonférence, a
été de 6 kilogrammes, résultat très beau, eu égard
à la petitesse des cônes. La vitesse obtenue, assez
difficile à apprécier, nous a paru être de 25 centimètres par seconde.

Le chapelet à cônes acquerra une grande force,
si l'on dispose l'appareil de manière que les cônes
d'entraînement soient maintenus dans le vif de
l'eau, pendant que les cônes de retour remonte-
ront dans le remous du courant. Une importante
amélioration à apporter à ce nouveau moteur,
sera de faire que les cônes soient articulés, c'est-
à-dire, qu'ils s'ouvrent à la descente et se ferment
à la remonte (à peu près comme s'ouvrent et se
ferment les parapluies). Alors toute résistance
étant presque annulée, on pourra obtenir des
forces très considérables, même dans les courants
sans profondeur.

9

POMPE AÉROHYDRAULIQUE.

—

Cette pompe, dont nous avons essayé un modèle de moyenne grandeur, est destinée à élever les eaux, instantanément, à des hauteurs illimitées au moyen de nos forces mises en réserve. Elle consiste en un vase en métal, hermétiquement fermé; plongée dans l'eau qu'on veut élever, elle aspire cette eau, en dessous, par une ouverture garnie d'une soupape : l'air comprimé, introduit par la partie supérieure, y agit en guise de piston, et oblige l'eau à se refouler dans le tuyau d'ascension, l'élevant ainsi à une hauteur proportionelle à la pression. Le poids de chaque atmosphère étant égal à une colonne d'eau de 10 mètres, si l'air agissant est comprimé à 30 atmosphères, par exemple, l'eau est portée à 300 mètres de hauteur, et cela sur-le-champ, et sans exiger d'autre travail que de tourner un robinet. Les pompes aérohydrauliques sont d'une composition si simple, d'une installation si facile, d'une manœuvre si prompte et si puissante, qu'il nous semble impos-

sible qu'on n'en établisse pas partout où il y a
danger d'incendie : dans les fabriques, les manufactures, les bazars, et notamment dans les théâ-
tres, surtout si l'on considère qu'un seul homme
de surveillance peut, au besoin, éteindre seul les
plus violents incendies.

MULTIPLICATEUR DE LA FORCE ÉLASTIQUE DU GAZ.
CANON A AIR.

Nous ne parlerons ici de l'expérience que nous
avons faite, d'un petit canon à air, que pour avoir
occasion de mentionner une de nos meilleures inventions; celle de la pression de l'air à un degré
illimité. Sur ce point, la pratique a été au-delà de
tout ce que la théorie eut pu imaginer de plus
hardi. Qu'on se figure une masse d'air, condensée
à un degré médiocre (à trente ou quarante atmosphères), et renfermée dans un appareil tellement
disposé, qu'il suffit d'ouvrir un robinet pour que
cet air, réagissant sur lui-même, décuple et centu-
ple même sa pression. C'est ce que nous avons eu
le bonheur de trouver. Cet appareil de pression
indéfinie et instantanée, nous l'avons nommé : mul-

tiplicateur de la force élastique du gaz; sa puissance n'a de limites que celle de la résistance qu'il pourra opposer lui-même à l'expansion de l'air condensé. Sans doute, il sera dangereux de le faire fonctionner, mais comme il suffira, pour cela, d'ouvrir un robinet, ce travail pourra toujours se faire de loin au moyen d'une ficelle. La chimie et la physique doivent, ce nous semble, tirer de grands avantages de notre multiplicateur de la force élastique des gaz : on pourra maintenant, sans danger, comprimer tous les gaz, jusqu'à rendre liquides, ou solides, ceux qui sont susceptibles de cette transformation.

A l'égard de l'artillerie, il nous semble également, que la question du remplacement de la poudre par l'air comprimé, n'exige plus que quelques dispositions mécaniques, faciles à trouver. Car la force de la poudre sera certainement atteinte et dépassée par l'air, au moyen de notre appareil, à moins que l'air ne se liquéfie ou ne se consolide avant d'être arrivé au degré de pression convenable, mais cela n'est pas probable. Nous rappellerons ici ce que nous avons dit plus haut dans la partie théorique : c'est qu'un coup de canon tiré à poudre, coûte 90 fois plus qu'avec de l'air comprimé (1).

(1) M. Poncelet, mécanique industrielle, page 184

LA VOITURE A AIR.

—

Voici notre dernière et principale expérience :
La gravure placée en tête de cet écrit, représente
une voiture qui marche par la seule action de
l'air comprimé et dilaté. Cette voiture peut porter,
outre son appareil, huit personnes; sa longeur est
de 3 mètres, sa hauteur de 2 mètres et sa largeur
de 1^m, 60; elle a fonctionné, pour la première
fois, sur un chemin de fer ordinaire, le 9 Juillet
1840.

Après un an de recherches assidues sur les propriétés de l'air, sur les moyens de le comprimer
et de le dilater, sur l'agencement des appareils
propres à opérer ce double travail, sur la régula-
risation et la transmission de cette force nouvelle,
ce fut, pour nous, une bien vive satisfaction de
voir notre voiture partir et rouler sur les rails,
avec la plus grande aisance, sans bruit, sans
fumée, sans danger. Le dessin la représente fidèlement. Les récipients sont cachés sous la voi-

ture ; ils communiquent, par des tuyaux en cuivre, au régulateur, puis au dilateur, puis aux corps de pompe qui font tourner les roues. Il suffit d'ouvrir un robinet, la voiture se met, seule, en mouvement. Arrivé au terme de sa course, le conducteur (qui peut être un enfant) n'a qu'à appuyer le doigt sur un bouton ; aussitôt le jeu des tiroirs change, et la voiture marche en sens contraire. Les quatre roues étant indépendantes, la locomotive peut tourner dans les courbes à très petit rayon (1). Un vase isolé contient de l'air comprimé à un degré très élevé ; on ne s'en sert que lorsqu'il s'agit de monter une côte rapide : nous avons donné à ce récipient le nom de *cheval de montagne*.

La première expérience, celle du 9 juillet, a eu lieu à froid, c'est-à-dire avec l'air comprimé seulement ; dans celle du 11 du même mois, la voiture a été mise en mouvement par l'air comprimé et dilaté ; elle a parcouru treize fois et demie le chemin de fer. Les récipients, dont la capacité totale est de 500 litres seulement, ont dépensé dix-sept atmosphères. Une seule pompe

---

(1) Le chemin de fer sur lequel la locomotive a fonctionné a été construit exprès dans nos ateliers, à l'ancienne fonderie de Chaillot; il a 100 mètres environ de longueur et $1^m,50$ de largeur en dedans des rails.

fonctionnait sur une seule roue, circonstance défavorable, parce que le tirage se faisait obliquement.

Tirons les conclusions de cette expérience.

500 litres d'air pressé à 17 atmosphères, équivalent à 8,500 litres d'air libre. Or, la pompe qui mettait la voiture en mouvement, contient 3 litres; et comme la pression avait lieu à trois atmosphères, c'est 9 litres de dépensés par coup de piston. Il faut deux coups de piston pour produire un tour de roue, donc chaque tour de roue a dépensé 18 litres. 8,500 litres, divisés par 18, donnent 472 tours de roue, la roue ayant 1^m,25 de circonférence. La voiture, si elle n'eût marché qu'avec de l'air comprimé, se fût arrêtée après une course de 590 mètres; mais nous avons vu qu'elle a parcouru treize fois et demie le chemin de 100 mètres, c'est-à-dire 1,350 mètres. La dilatation a donc plus que doublé la force, elle l'a portée de 1 à 2,29.

Appuyons-nous sur ces faits constatés par l'expérience, et voyons ce qu'on pourrait attendre d'une locomotive à air, à grandes dimensions, de manière à pouvoir fonctionner sur les grandes lignes de fer.

Supposons une voiture portant un ou plusieurs récipients dont la capacité sera de 5 mètres cubes ou de 5,000 litres. Si la pression a lieu à 40 atmosphères (nous avons maintenant la preuve qu'on pourra obtenir, sans danger, des pressions à 50 et 60 atmosphères), la voiture contiendra 200,000 litres d'air libre, lesquels, par la dilatation, seront portés à au moins 458,000. La double pompe d'action devra avoir environ 20 litres de capacité. Le va-et-vient du piston qui produit un tour de roue, emploiera donc 40 litres; et si l'on marche à trois atmosphères, on dépensera 120 litres à chaque tour de roue: 458,000, divisés par 120, donnent 3,816, qui représentent le nombre des tours de roue ; admettons que les roues d'entraînement n'aient que 1^m,50 de diamètre, elles auront de circonférence, 4^m, 71 ; ce nombre, multiplié par 3,816, produira 17,973. La voiture parcourra donc 17,973 mètres, c'est-à-dire, à très peu près, quatre lieues et demie sans être réapprovisionnée.

Nous rappelons ici que le réapprovisionnement des voitures s'opèrera au moyen de vastes réservoirs placés de distance en distance sur la ligne à parcourir, et qui seront alimentés, gratuitement, par l'action des roues fluviales ou des turbines éoliques, et, dans certains cas exceptionnels, par des machines à vapeur.

Les calculs que nous venons de donner ont pour base la seule expérience faite sur notre voiture à air, la première probablement qui ait jamais marché sur un chemin de fer. Cette voiture, assurément, est fort imparfaite : ce n'est pas du premier coup qu'on arrive à la juste proportion de toutes les pièces d'un mécanisme dont on n'a point de modèle. Il faudra agrandir les roues, élargir les tuyaux, concentrer l'air comprimé dans moins de vases. Il faudra faire fonctionner le régulateur dans de meilleures conditions ; il faudra, surtout, améliorer la disposition du dilateur, qui n'a accru notre force que de 1 à 2,29, tandis qu'il sera facile de le porter de 1 à 5. Or, si l'on arrive là, et certes on y arrivera, les locomotives à air parcourront dix lieues sans s'arrêter.

Examinons la question sous un autre point de vue.

Notre voiture d'essai comporte le système de la compression combinée avec la dilatation, c'est-à-dire qu'il faut que l'air soit, préalablement, comprimé dans des réservoirs d'approvisionnement ; mais, comme nous l'avons dit plus haut, au chapitre relatif au dilateur, si l'on parvient à perfectionner cet appareil de manière à chauffer l'air, au moment de le dépenser, à 7 ou 800°, on pourra se passer de la compression préalable, et n'agir que par la dilatation. Que par l'action du feu on arrive à porter la force de l'air d'une atmosphère à cinq seulement, qui empêchera de prendre sur ces cinq atmosphères une force suffisante pour injecter, continuellement, de l'air nouveau dans le dilateur, de manière à obtenir un mouvement continu qui ne cesserait qu'avec la chaleur dilatante ? Sur ce point, notre conviction est entière ; on obtiendra, par une bonne dilatation de l'air, une force expansive qui dépassera toutes les merveilles produites par la vapeur d'eau. Savez-vous ce que pensait Newton à ce sujet ? Il a dit quelque part : « Si un pouce carré « d'air, pris à la surface de la terre, était dilaté au- « tant qu'il peut l'être, il suffirait à remplir les « espaces planétaires jusqu'à Saturne ! » Il y a dans cette sublime exagération, tout un nouvel ordre social !

Ici se termine le compte rendu de nos expériences ; s'il nous était donné de les poursuivre, nous appliquerions, d'abord, tous nos soins à la construction d'une locomotive qui résumerait l'ensemble des améliorations que nous ont indiquées nos premiers essais ; si, au contraire, d'autres sont appelés à continuer nos travaux, nous leur recommandons expressément de ne pas confondre le travail de l'air comprimé avec celui de la vapeur ; ces deux moteurs agissent dans des conditions très différentes ; ce n'est que par l'examen approfondi de ce qui se passe lorsque l'air se *comprime* et se *détend*, qu'on arrivera à la solution du problème.

CONCLUSION.

—

Le caractère distinctif de notre époque est de rechercher dans les sciences leur côté utile pour en faire l'application aux besoins divers de l'industrie. Cette pensée a été constamment la nôtre, soit que nous ayons exposé théoriquement la nouvelle doctrine des forces naturelles, soit que, par une longue série d'expériences, nous ayons voulu appuyer cette doctrine sur des faits évidents, afin de la soustraire aux entraves d'une polémique stérile. Aujourd'hui que nos travaux d'essai ont obtenu les résultats que nous en attendions, nous pensons que le moment est venu de travailler à la réalisation de nos vues sur l'emploi des forces gratuites des eaux et des vents, et sur la transformation et la conservation de ces forces par l'air comprimé ; mais cette grande œuvre ne peut être confiée qu'au génie tout-puissant de l'association ;

dans cette circonstance, le concours des hommes d'intelligence et de cœur ne nous manquera pas ; il sera honorable et à la fois profitable de nous seconder.

Nous mettrons aussi, avec confiance, sous le patronage du gouvernement, notre entreprise, dont il comprendra l'importance future. Ceux entre les mains de qui repose la destinée des États, sont plus tenus que tous autres de prévoir les chances de l'avenir; or, le système de nos forces gratuites doit se recommander à leur attention par des considérations qui échappent aux intérêts privés. Nous le demandons, sur quelle base est assise aujourd'hui l'industrie des peuples ? sur la houille. Mais en aurez-vous toujours ? n'est-ce pas là une source de richesses qui doit se tarir en peu d'années ? Si grand que soit un trésor, il s'épuise bientôt lorsqu'on y prend sans cesse et qu'on n'y apporte rien. On aménage les forêts, qui renaissent d'elles-mêmes ; mais on ne saurait aménager les houillères, qui ne se reproduisent pas. Savez-vous que la nature a mis deux ou trois mille ans à la formation de ces couches de charbon que vous brûlez en quelques années ? L'équilibre peut-il longtemps se maintenir entre une consommation si active et une production si lente ? Je sais bien que sur ce point chacun se fait isolément illusion. Demandez à ce

propriétaire combien durera sa nouvelle extraction;
il en aura pour un siècle, au moins; et cependant,
au bout d'un an ou deux, ses puits seront vides,
inondés ou incendiés. Le catalogue serait long des
mines épuisées aujourd'hui, qui avaient hier la ré-
putation d'inépuisables. A-t-on remarqué aussi avec
quelle rapidité s'accroît la dépense de ce combus-
tible? Il y a cinquante ans, et qu'est-ce que cinquante ans dans la vie d'une nation? la France
brûlait à peine quatre millions de quintaux métri-
ques de charbon; aujourd'hui elle en consomme
plus de quarante-trois millions. Que sera-ce donc,
lorsque toutes nos villes s'éclaireront au gaz comme
Paris; lorsque nous aurons couvert notre territoire
d'un réseau de chemins de fer; lorsque d'innombrables bateaux à vapeur sillonneront nos canaux
et nos rivières; lorsqu'enfin chacun de nos bâtiments – monstres, franchissant l'Atlantique, emportera, à chaque voyage, pour la dévorer, une
montagne de houille? Croit-on que les entrailles de
la terre puissent longtemps suffire à une telle consommation, et n'y a-t-il pas lieu de craindre que
l'industrie par laquelle vivent nos sociétés modernes
ne soit destinée, dans un avenir très prochain, à
périr faute d'aliment? Eh bien! le système dynamique que nous voulons établir pare à cette désas-
treuse éventualité : nous venons substituer à un

principe dispendieux, incertain, étroitement local et temporaire, un principe gratuit, large, universel et impérissable. Dans vingt ans, peut-être, les flancs de la terre, fouillés par les mains du mineur, seront épuisés ; mais il y aura toujours, et partout, de l'air, des fleuves et des vents !

FIN.

TABLE DES MATIÈRES.

—

THÉORIE.
(1839.)

APPLICATIONS DIVERSES.

PARTIE EXPÉRIMENTALE.
(1840-1841.)

FIN DE LA TABLE DES MATIÈRES.

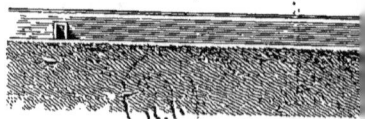

Voiture à air comprimé et dilaté.

exécutée par M.M. Andraud et Tessié du Motay

www.ingramcontent.com/pod-product-compliance
Lightning Source LLC
Chambersburg PA
CBHW071916200326
41519CB00016B/4632